能源时代新动力丛书

能源的宝藏

海洋能

李 丹◎著

北京工业大学出版社

图书在版编目(CIP)数据

能源的宝藏——海洋能 / 李丹著. —北京：北京工业大学出版社，2015.6

(能源时代新动力丛书 / 李丹主编)

ISBN 978-7-5639-4325-8

Ⅰ. ①能… Ⅱ. ①李… Ⅲ. ①海洋动力资源—普及读物 Ⅳ. ①P743-49

中国版本图书馆 CIP 数据核字（2015）第 102561 号

能源的宝藏——海洋能

著　　者：李　丹

责任编辑：李周辉

封面设计：尚世视觉

出版发行：北京工业大学出版社

（北京市朝阳区平乐园 100 号　邮编：100124）

010-67391722（传真）　bgdcbs@sina.com

出 版 人：郝　勇

经销单位：全国各地新华书店

承印单位：九洲财鑫印刷有限公司

开　　本：787毫米×1092毫米　1/16

印　　张：15.25

字　　数：194 千字

版　　次：2015 年 8 月第 1 版

印　　次：2015 年 8 月第 1 次印刷

标准书号：ISBN 978-7-5639-4325-8

定　　价：30.00 元

前　言

能源是人类生存与发展的重要物质基础。当今，人类的活动范围越来越大，对环境的影响也越来越大。面对全球温室气体的排放和气候的异常变化，人们越来越重视对环境的保护和开发新能源，以便维持可持续发展。

同时，人类为了未来的道路能够稳定、良好地走下去，更需要加大力度去挖掘更加优质的新能源宝藏，研发出先进的新能源利用技术，来缓解日益严重的能源压力。

能源问题不仅是全世界、全人类共同面对和关心的问题，也是中国社会经济发展中至关重要的领域。

海洋能是蕴藏于海水中的可再生能源，在人类所探索的新能源宝藏中，是一种极具发展潜力的能源。

从狭义方面来看，海洋能通常是指蕴藏于海洋中的可再生资源，它们都是以海水为载体，以潮汐、波浪、海流、温差、盐度梯度等形式存在于海洋中，形成了潮汐能、波浪能、海流能、温差能、海盐能。广义上来讲，海洋能除了上述能量形式之外，还包含着飘游于海洋上空的风能、照射在海洋表面的太阳能、海洋生物质能、海洋地热能等。这些能源是绿色清洁、零污染排放的可再生资源，也是具有战略意义的新能源。

储量丰富、可持续循环使用的海洋能，自20世纪70年代起就已经受到世界沿海国家的广泛关注。进入21世纪以来，为了改善环境和稳固发展道路，人类再次把目光投向了蔚蓝色的海洋。这是因为海洋被认为是地球上最大的资源宝库，被称之为“能量之海”。

本书主要介绍浩瀚的海洋中所蕴藏着丰富的海洋能。通过本书，读者可以更好地开阔视野，增长见识，系统了解海洋是一个巨大的宝库，蕴含着丰富的海洋能，具有巨大开发潜能，是寸土不能让的蓝色国土。同时，通过阅读本书，读者还能深入了解海洋能的特点及开发海洋能的意义。

目 录

第一章 揭开海洋的神秘面纱

第二章　大海的呼吸——海洋潮汐

第三章　波涛汹涌的力量——波浪能

第四章　最不可思议——海流能

第五章　海洋新发现——海洋温差能

第六章　太酷了吧，海盐也能发电

第七章　中国梦，海洋梦

第一章　揭开海洋的神秘面纱

海洋，有着庄重的深蓝色与冷艳的湖蓝色，就像地球母亲身上的一件精美的外衣，它使得地球像是一颗晶莹的蓝宝石。

其实，海洋还有红、黄、白、黑的颜色，只是由于对阳光的散射和反射，形成了普遍的蔚蓝色。这蔚蓝色使得海洋像是另一片美丽的天空，它覆盖了地球四分之三的面积。在如此浩瀚的海洋里，隐藏着无数的神奇奥秘，生存着形形色色的生物，也蕴藏着无以计数的能源宝藏。

自古以来，人类就在海洋上捕鱼，以海洋为生，创造出了丰富多彩的海洋文明，并一直试图揭开海洋的秘密。然而，浩瀚的海洋始终犹抱琵琶半遮面。它变幻莫测，充满不确定性，它的真面目还隐藏得很深，需要一步步揭开。

第一节 海洋，你从哪里来

第一张地球的照片是 1966 年 8 月 23 日“月球轨道”1 号卫星在外太空拍摄到的。这是人类第一次从太空的角度来观察自己的地球家园，从照片上人们惊讶地发现，地球居然是一颗蔚蓝色的“水球”。

事实也的确如此，经过科学家们的计算，地球的表面积约为 5.11 亿平方千米，而其中 3.62 亿平方千米的面积是海洋。占据了地球绝大部分的面积，如此辽阔的蓝色海洋，仿佛为地球穿上了一件神奇而美丽的蓝色服饰。

在沉醉于海洋的神奇和美丽的时候，人类也在时刻思考：这美丽的海洋是从哪里来的呢？那广阔无垠的海洋下又会隐藏着怎样惊人的奥秘呢？

一、海洋的起源

海洋的迷人之处不仅在于它容貌的秀丽端庄、仪态万方，更在于那海面下存在着一个充满神秘、变幻莫测的未知世界。

海洋的水覆盖了地球上 71%的广大地区，如此广袤的空间使

得人类无法轻易触及海洋下面未知的神秘世界，只能慢慢地探索距离陆地近一些的海域。但仅仅这些海域，就已为人类展现了海洋的博大与深奥。

虽然对于人类的生命长度海洋是永恒的，然而，根据科学家的推算，海洋也有其形成的过程。

在远古时代，人类还没有科学文化知识，只能通过想象和神话去寻求海洋成因问题的答案。后来，经过进一步分析和推理，人类才逐步提出一些有一定依据的假说。

在所有的自然之谜中，“海洋的形成之谜”可算是最令人痴迷的了。千百年来，无数的专家学者为解开此谜而全身投入、苦心探索，提出了许多新奇的见解和假说，主要有“大陆漂移说”“海底扩张说”和“板块学说”等几种。

其中最有趣的是“月球分出说”，它是由世界著名生物学家、进化论的奠基人达尔文的儿子乔治·达尔文于1879年提出的，曾在“海洋起源”假说思想时期轰动一时，给人类探索海洋的起源增添了无限的遐想。

“月球分出说”的核心思想是：地球是从太阳中分离出来的，是太阳的“女儿”。这个“女儿”刚开始独立在宇宙中闯荡时，还是一个布满岩浆的大火球，在茫茫的宇宙中孤独地运行。太阳的引力和地球的自转相互产生的作用，使得地球甩出了一大部分的岩浆。这块岩浆在地球引力的作用下，绕着地球不停地旋转，最终形成了月球，它是太阳的“孙女”。

但是，月球被地球甩出去的时候，在地球上留下了一个很大的坑洞，这就是古老而巨大的太平洋的雏形。同时，地球自身由于巨大的作用力，也产生了极其强烈的震动，这使得地球表面产生了很大的裂缝，裂缝慢慢扩大，于是又形成了古老的大西洋和印度洋的雏形。

那么，海水究竟又是从哪里来的呢？弗朗西斯·达尔文认为：地球刚诞生时，四周被一层极热的大气包围着，随着时间的延长，地球不断地冷却，大气中的水汽便凝成水滴，水滴越积越多。然后，在条件合适的时候，凝集的水滴便降落到了地面上。这些雨滴不停不息地降落了几千年，使得那原本干涸的巨大坑洞和裂缝盈满了水，最终形成了烟波浩渺的汪洋大海。

这种有些荒诞的假说提出后，立即遭到了众多科学家的反对。有人曾计算过，若想使地球上的物体飞离出去，其自转速度必须达到目前地球自转速度的 17 倍，也就是说，一昼夜不得长于 1 小时 25 分，这显然是令人难以置信的。

还有的人认为，若月球是从地球上分离出去的，那么月球的运行轨道应该处于地球赤道的上空，而事实却不是这样的。

随后，法国学者狄摩切尔提出了新的太平洋成因假说——“陨星说”。狄摩切尔认为，太平洋是由另一颗地球卫星（其直径比月球大两倍）坠落地面所造成的。这颗卫星的巨大撞击，使得地球表面产生了巨大的陨石谷。这颗卫星还有可能冲击了地球内核，引起了地球的强烈膨胀与收缩，其结果是不仅产生了太平洋，而且由于巨大的冲击力又使更多的地壳随之破裂塌陷，形成了大西洋和印度洋等大洋。

对于狄摩切尔的“陨星说”，人们难以接受偶然的碰撞产生了占地球表面积 1/3 的太平洋的观点。因为，人们在地球和月球上，还从来没有发现类似太平洋那般规模的陨石坑来验证狄摩切尔的假说。

随着科学知识的不断丰富和发展，专家学者们经过研究，提出了又一种更为有说服力的假说：大约在 50 亿年前，从太阳星

云中分离出一些大大小小的星云团块。它们一边绕太阳旋转，一边自转。

这些星云团块在运动过程中互相碰撞，彼此结合，于是整体的体积不断由小变大，逐渐形成了原始的地球。在星云团块碰撞的过程中，引力作用使其急剧收缩，加之星云团内部的放射性元素蜕变，使得原始地球的温度不断地升高。

当内部温度达到足够高时，地球内部的物质包括铁、镍物质等开始熔解。在重力作用下，密度大的物体开始下沉聚集并趋向地心集中，形成了地核。密度小的物质开始上浮，形成了原始的地壳和地幔。

在高温的作用下，内部汽化的水分与各种气体一起冲出来，飞升入空中。但是由于地心引力的作用，这些水汽和各种气体凝聚在地球周围，形成了一个气与水混合的圈层。而位于地表的一层地壳，在冷却凝结过程中，不断地受到地球内部剧烈运动的冲击和挤压，使得地球表面凹凸相间、褶皱不平。

在漫长的岁月里，经过频繁的地震和火山爆发后，地壳经过长时间的冷却，最终定形。此时，地球像是一个风干了的苹果，表面皱纹密布，凹凸不平。地表上的高山、平原、河床、海盆等各种地形全部初步形成。

在很长的一个时期内，天空中水汽与大气共存于一体，天昏地暗，浓云密布。随着地壳逐渐冷却，原始地球大气的温度也在慢慢地降低，于是空气中再也不能容纳大量的水汽。加之水汽与尘埃与火山灰凝结核，变成了水滴，且越积越多。同时，由于冷却不均，空气对流剧烈，形成了长久不停的大雨。雷电狂风，暴雨浊流，雨越下越大。在最初没有生命生存的地球上，滔滔的洪水通过千沟万壑汇集成了巨大的洪流，流到了地势低洼的海盆，由此形成了原始的海洋。

在初始的时候，原始海洋的盐分并不像现今这么多，那时的海水是带酸性的。原始海洋中的水分在长久的时间里，经过不断地蒸发，又聚集在天空，然后又降落到地面，把陆地和海底岩石中溶解出的盐分不断汇集到海水中。经过亿万年的累积融合，便使得初始海洋有了咸涩的味道。

虽然，海洋起源的假说如雨后春笋般不断地被提出，又经过不断地被否定，但是，人类还是愿意深入探索海洋的来源，期待某一天能够完全地解开这一历史的谜题。

小资料：大陆漂移学说

如果仔细观察一下世界地图，就会发现南美洲的东海岸与非洲的西海岸的轮廓是彼此吻合的，好像是一块大陆分裂后、南美洲部分漂出去后形成的。南美洲的巴西的一块凸出部分和非洲的喀麦隆海岸凹进去的部分，形状十分相似。如果移动这两个大陆，使它们靠拢，不正好吻合了吗？

德国气象学家、地球物理学家魏格纳在20世纪初的某一天凝视世界地图时也发现了这个有趣的现象。他马上就被这个奇妙的现象吸引住了。

他想：“莫非是远古的时候，这两块大陆原本就是连在一起的？”这确实是一个极富创意的设想。因为人们自古以来就认为大陆是固定不动，而形状又不可能发生改变的。大陆会裂开，又会漂移，这种设想岂非成了奇谈怪论？

但是，魏格纳是个百折不挠的人，为了证实自己想法的合理性，他开始大量收集证据，刻苦钻研里面的联系。果然，事实不断地告诉他：各大陆边沿不但地形相似，而且大陆上生存的动物种类也很相似，这种情况不但存在于南美洲和非洲两块大陆之间，而且存在于亚洲和欧洲、澳大利亚和南极洲之间。

两年的潜心研究之后，魏格纳开始确信，地球的大陆在远古时代就是一个大整块，但是由于种种原因，这个一整块的大陆大约在距今3亿年以前开始分裂，并向东西南北方向慢慢挪动，后来才成为现在这个模样。于是，他正式提出了“大陆漂移说”。

1915年，魏格纳发表了《陆海的起源》，用充分的证据论述了大陆漂移的可能性。他认为，远古时代全世界实际上只有一块大陆，称泛大陆。由于构成地壳的硅铝层比较轻，使得地壳就像大冰山浮在水面上一样，具有不稳定性，又因为地球由西向东自转，南、北美洲相对非洲大陆是后退的，而印度和澳大利亚则会向东漂移。自石炭纪，经二叠纪、侏罗纪、白垩纪和第三纪起，泛大陆解体并多次分裂漂移，最终形成了现在的七大洲与四大洋。

二、今天的海洋

今天，人们一般把靠近陆地，深度较浅的海域称为“海”。“海”的温度、盐度、颜色和透明度的变化情况，都会受到陆地的影响。海洋的中心部分则被称为“洋”，是海洋的主体。

但是，根据人们以往的办法和《海洋法公约》，人们将海洋划分为内海、领海、毗连区、专属经济区、大陆架、国际航行海峡、群岛水域、公海、国际海底区域等几个部分。

此外，在陆地的内部区域还存在着一种内陆海，如欧洲的波罗的海等。其中，地中海是几个大陆之间的海，水深一般比内陆海深些。世界主要的大海大约有 50 个，其中太平洋最多，大西洋次之，印度洋和北冰洋相差不多。

关于大洋的情况，一般根据海洋所处的地理特征，将海洋分为太平洋、大西洋、印度洋、北冰洋。有人还认为有南冰洋，但是本书采用传统说法。

1. 太平洋

太平洋，位于亚洲、大洋洲、南极洲和南美洲、北美洲之间，面积 17868 万平方千米，超过了世界陆地面积的总和。太平洋平均深度为 3957 米，而最深处马里亚纳海沟可达 11034 米。

太平洋西南以塔斯马尼亚岛东南角至南极大陆的经线与印度洋分界，东南以通过南美洲最南端的合恩角的经线与大西洋分界，北经白令海峡与北冰洋连接，东经巴拿马运河和麦哲伦海峡、德雷克海峡沟通大西洋，西经马六甲海峡和巽他海峡通印度洋，总轮廓近似圆形。

太平洋通常以南、北回归线为界，分南、中、北太平洋；或以赤道为界分南、北太平洋；也有以东经 160°为界，分东、西太平洋的。

北太平洋通常指的是北回归线以北海域，地处北亚热带和北温带，主要属海有东海、黄海、日本海、鄂霍次克海和白令海。

中太平洋通常指的是位于南、北回归线之间的海域，地处热带，主要属海有南海、爪哇海、珊瑚海、苏禄海、苏拉威西海、班达海等。

南太平洋通常指的是南回归线以南海域，地处南亚热带和南温带，主要属海有塔斯曼海、别林斯高晋海、罗斯海和阿蒙森海。

太平洋地区有30多个独立国家。西岸有俄罗斯、中国、韩国、朝鲜、越南、柬埔寨、老挝、日本等。东岸有智利、秘鲁、墨西哥、美国、加拿大等。南边还有澳大利亚、新西兰、西萨摩亚、瑙鲁、汤加、斐济等，此外，还有十几个分属美、英、法等国的地区。

太平洋中有一条安山岩线，它是太平洋地貌中最重要的分界线，将中部太平洋盆地较深层的火成镁铁岩及大陆边沿的半沉降火成长英岩分隔开来。

安山岩线沿加利福尼亚州西端岛屿、阿留申群岛南端、堪察加半岛东端、千岛群岛、日本群岛、马里亚纳群岛、所罗门群岛，直达新西兰附近海域。亦向东北伸延至安第斯山脉西端、南美洲及墨西哥，再折返至美国加利福尼亚州附近。印尼、菲律宾、日本、新几内亚、新西兰等大洋洲大陆及亚洲大陆的东部延伸地区全在安山岩线以外。

2. 大西洋

大西洋，位于欧洲、非洲与南、北美洲和南极洲之间，是世界第二大洋。大西洋的面积，连同其附属海和南大洋部分水域在内（不计岛屿），约9165.5万平方千米，平均深度为3597米，最深处位于波多黎各海沟内，为9218米。也有人认为应该划分出南冰洋，将大西洋的面积调整为7676.2万平方千米，平均深度3627米。

从赤道南北分为北大西洋和南大西洋。北大西洋连接北冰洋，南面则以南纬67°与南冰洋接连，东面为欧洲和非洲，而西面为美洲。北以冰岛-法罗岛海丘和威维尔-汤姆森海岭与北冰洋分界，南临南极洲，并与太平洋、印度洋南部水域相通。

西南以通过南美洲最南端合恩角的经线同太平洋分界，东南以通过南非厄加勒斯角的经线同印度洋分界。西部通过南、北美洲之间的巴拿马运河与太平洋沟通，东部经欧洲和非洲之间的直布罗陀海峡通过地中海，以及亚洲和非洲之间的苏伊士运河与印度洋的附属海红海沟通。

大西洋东西两侧岸线大体平行。南部岸线平直，内海、海湾较少。北部岸线曲折，沿岸岛屿众多，海湾、内海、边缘海较多。岛屿和群岛主要分布于大陆边缘，多为大陆岛。开阔洋面上的岛屿很少。大西洋在北半球的陆界比在南半球的陆界长得多，而且海岸蜿蜒曲折，有许多属海和海湾。

3. 印度洋

印度洋位于亚洲、大洋洲、非洲和南极洲之间。包括属海的面积为7617.4万平方千米，平均水深为3711米，最大深度为7450米（爪哇海沟）。

印度洋西南以通过南非厄加勒斯的经线同大西洋分界，东南以通过塔斯马尼亚岛东南角至南极大陆的经线与太平洋联结。印度洋的轮廓为北部为陆地封闭，南面则以南纬60°为界。

印度洋的主要属海和海湾是红海、阿拉伯海、亚丁湾、波斯湾、阿曼湾、孟加拉湾、安达曼海、阿拉弗拉海、帝汶海、卡奔塔利亚湾、大澳大利亚湾、莫桑比克海峡等。

印度洋有很多岛屿，其中大部分是大陆岛，如马达加斯加岛、斯里兰卡岛、安达曼群岛、尼科巴群岛、明打威群岛等。人们通常把邻近大陆，在地质构造上同大陆有关，多位于大陆架上，是原先的陆上山地由于晚更新世冰后期海面上升而被部分淹没形成的叫作岛屿。

留尼汪岛、科摩罗群岛、阿姆斯特丹岛、克罗泽群岛、凯尔盖朗群岛为火山岛。火山岛是由海底火山喷发物堆积而成的。在

环太平洋地区分布较广。火山岛按其属性分为两种，一种是大洋火山岛，它与大陆地质构造没有联系。另一种是大陆架或大陆坡海域的火山岛，它与大陆地质构造有联系，但又与大陆岛不尽相同，属大陆岛与大洋岛之间的过渡类型。

拉克沙群岛、马尔代夫群岛、查戈斯群岛，以及爪哇西南的圣诞岛、科科斯群岛都是珊瑚岛，马达加斯加岛是南回归线穿过最大的珊瑚岛。珊瑚岛是海中的珊瑚虫遗骸堆筑的岛屿，一般分布在热带海洋中，大多与大陆的构造、岩性、地质演化历史没有关系，因此，也属于大洋岛的范畴。

4. 北冰洋

北冰洋是世界最小最浅和最冷的大洋。大致以北极圈为中心，位于地球的最北端，被亚欧大陆和北美大陆环抱着，有狭窄的白令海峡与太平洋相通。

北极圈以北的地区称北极或北极地区，包括北冰洋沿岸亚、欧、北美三洲大陆北部及北冰洋中的许多岛屿。北冰洋周围的国家和地区有俄罗斯、挪威、冰岛、格陵兰（丹）、加拿大和美国。北极地区有几十个不同的民族，其中因纽特人分布最广。

北冰洋是以北极点为中心，是一片辽阔的水域。位于北极圈内的北冰洋，是世界四大洋中最小的一个，只有太平洋面积的1/14。因此，北冰洋又被称为北极海。北冰洋海水的总容积为1690万立方千米，平均深度为1296米，最深处（利特克海沟）为5449米。北冰洋占北极地区面积的60%以上，其中2/3以上的海面全年覆盖着厚度在1.5~4米的巨大冰块。

第二节　海洋，生命的摇篮

原始地球是没有生命的，那时的世界到处是一片静寂，无论是海洋还是陆地，都是死寂一片的荒凉。但是今天，地球上到处是生机勃勃的景象，从没有生命生存的星球到今天的海洋大陆和空中，包括看不见的细菌病毒以及各种微生物，到处都有生命的存在，地球到底经历了怎样的变化？生命起源于哪里？地球上第一个生命是怎样来的？这些问题也一直是科学界的尚未完全得到解答的问题。

在这个问题上，人类通过研究和比较，也提出了很多假说，现在比较普遍的观点更加倾向于生命起源于海洋。至于人类的起源，国外有上帝造人说，中国古代也有女娲造人说，但是无论何种学说，目前还只是人们的猜测，或者说是人们的想象，甚至于达尔文的进化论，也有人认为不能完全确定它就是正确无疑的。

一、从单细胞到人类

生命的起源一直是科学家们研究的课题，从现在的研究成果看，普遍认为生命起源于海洋。这个观点可能符合当时的条件。

海洋在生命的形成过程中起到了举足轻重的作用。科学研究表明，生命起源的基本条件有三：一是原始大气，它是生命化学演化的最初舞台。二是能源，它是生命形成过程中进行化学演化的催化剂。三是原始海洋，它为生命的演化提供了良好场所。

在 40 多亿年前，地球上有了海洋和大气，然而那时还没有生命，只是在原始星际的云状物中，存在着碳、氢、氮等各种最简单的元素，后来出现了氧。生命的出现首先经历了漫长的化学过程。这些无机物质经过一番复杂的化合，产生了一种有机物质，这就是形成生命的基本物质，为生命的产生作好了必要的物质准备。

由于原始地球气候恶劣，时而倾盆大雨，时而赤日炎炎，经常山崩地裂、飞沙走石，而且还要遭受大量紫外线和宇宙射线的袭击，因此，原始的生命是无法在陆地表面生存的。最后，它们明智地选择了海洋，尽管它们当时还没有思维。

因为水是生命活动的重要成分，原始地球的大气紫外线辐射比较强烈，海水的庇护能有效防止紫外线对弱小的原始生命的杀伤。可以这样说，在生命发生与发展的进程中，从无机物到有机物，从无生命物质到有生命物质，从单细胞生物演化到千姿百态的高级动物……这是一个富有创造性而又奇妙无比的过程。

但是，无论现今的生命已经进化到怎样高级的地步，它们生命的演化最初、最关键的几步都是在原始海洋里进行的，从这个角度来讲，没有海洋，就没有生命。

大约在 38 亿年前，当地球的陆地上还是一片荒芜死寂时，咆哮翻腾的海洋就开始了孕育生命的旅程。这些有机物质汇聚到汪洋大海之中，扮演了古代海洋里的重要角色。因而，有人说那时候的海，是一个混合了各种各样有机物的“肉汤海”。

它们在混浊的海水中互相碰撞、聚合，终于形成了原始蛋白质分子。又经过若干亿年的不断演变，在30多亿年前，它们的功能愈加复杂，结构更加完善，形成了组成现代细胞的两大物质——蛋白质和核酸。

这些蛋白质和核酸构成的小颗粒，在海洋里生长着，它们吸收着阳光和营养，并且分裂着自己的身体，把自己变成2个、4个、8个……一代一代传下去，又经过了亿万年，才诞生了细菌。这是生命起源和发展过程中的一个较高级阶段，是生命漫长演变历史中的一次飞跃。

大约经过了1亿年之久的进化演变，海洋中原始的细胞逐渐演变成为原始的单细胞藻类，这大概就是最原始的生命形式。

太阳适时地送来光线和温暖，原始的生命在它的照耀下，在海洋的摇篮里缓慢地进化着。约30亿年前，海洋里又出现了一种蓝绿色的生命——蓝绿藻，这些原始的藻类含有光合色素，在阳光的爱抚下，它们能够将阳光当作能源，把水、二氧化碳和其他盐类合成为糖、淀粉和蛋白质等有机物，就像一座座精致的有机合成化工厂，创造出了更多的有机物质，从而使生命的链条一环一环地被连接起来了。

这样的变化是有迹可循的。因为生命进化的历程在地球发展的过程中都留下了自己的踪影，那些曾经生存过的生命，在它们死后有些遗体幸运地被封闭在淤泥里，后来淤泥又被挤压成岩石。当古老的海底在地壳的变动时上升为陆地和高山，那些保存下来的尸体也就以“化石”的形式展现在了科学家的实验室里和显微镜下，使今天的人们能够了解和推知亿万年里海洋生命的活动情况和进化过程。

据研究发现，在距今天5亿多年前，海洋里的原始生物就已

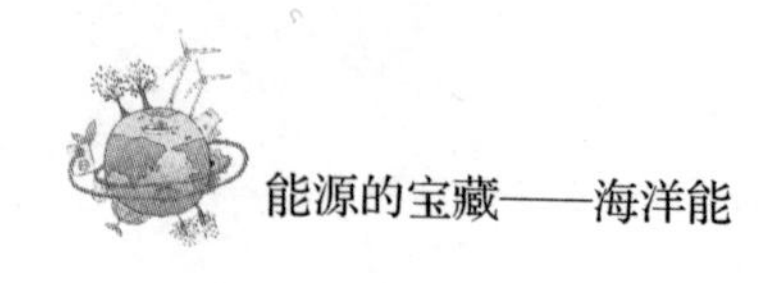

经是十分活跃的“居民”了。特别是有些原生动物有独立活动的本领，有刺激感应，它们能伸出一些树枝状的“小脚”，能够捕捉食物或改变自己“行走”的路线。

大约在距今4亿年前，蓝绿藻首先登陆，后来在陆地上裸蕨植物、蕨类植物、裸子植物和被子植物相继出现。这些植物的出现，给昔日荒山秃岭的大地增添了无限的生机，使各种微生物和昆虫找到了活动的场所和生存的基础。

微生物和昆虫又经过上万年的繁衍，逐渐成了海洋的主人。后来，无论地球上的环境发生怎样剧烈的变化，总有一些鱼类的后代能够适应频繁改变的生活环境，它们不断地变换着自己的身体结构。到距今3亿年左右，这些鱼类越过潮间带爬上了陆地，成为既可适应陆地又可适应海洋环境生存的两栖动物。

同一时代，地球上的大气结构也发生了变化，随着陆地上氧气的增加，生物用来呼吸的肺也更加完善起来。顽强的生命抵御着来自各方面的侵袭，克服着生存环境的变化带来的困难，并且不断地使自己的身体结构适应周围环境，它们终于度过了两栖阶段，脱离了海洋。到了2.3亿年前的中生代，爬行动物开始大量繁殖。

至1.8亿年前的一段时间，可以叫作爬行动物时代。此间，地球上又出现了许多哺乳动物。又过了1亿多年，哺乳动物成为大陆上的统治者。此外，原始的鸟类也由另外一支原始爬行动物进化而成。这些都为更高等生物的出现做好了前期的准备，提供了适宜的条件。

大约在距离今天800万年前，地球上出现了人类的祖先——古猿，继后又出现了南猿和猿人。这些人类的远古祖先，为了生存下来，不间断地向自然界索取食物。从采集野果到捕捉小虫，从野外打猎到驯养动物培植植物。经过不断的劳动，人类的远古祖先的大脑和肌肉更加发达健全，慢慢进化成为生物界和自然界的主人。

从原始生命的形成，到动植物的分化和原始海洋生物的登陆，直至人类的出现，海洋在生物进化的历程中发挥着不可替代的作用，有着不可磨灭的功绩。这是因为海洋具备了生命生存和发展的必要条件。同时，海水里还溶解着各种各样的营养物质，如碳酸盐、硝酸盐、磷酸盐和氧等，为生命的生长和进化提供了丰富的养料。

原始的海洋把那些弱小的原始生命拥抱在自己的怀里，充足的海水使这些生命可以顺利进行新陈代谢，直到如今，水也一直是生物生存必不可少的条件，是生命生存的“命根子”。

海洋还可以把阳光遮住，使得生命在它的怀抱中免受阳光的杀伤。海水还吸收了阳光的能量，使海水表层变得温暖，以免生活在它怀中的“婴儿”被冻死。海流和潮汐的运动，还使得生命种类的分布和种群的繁衍扩散到世界各处，为生物种群数量的壮大提供源源不断的动力。

从这些角度来讲，海洋是生命的真正摇篮，是一切生物进化的发源地。所以，海洋可以称为“万物之母”。

二、丰饶的大陆架

海洋是神秘美丽的，又是变幻莫测的。天气晴好的时候，海面一望无际，碧波万顷，显得壮美、肃穆而平静。但是当暴风雨来临的时候，海面又会突然间汹涌澎湃，卷起惊涛骇浪险象环生，令人心惊肉跳。

然而，海洋生命活动最集中的地方是波浪相对缓和，海水相对温暖的大陆架，大陆架是陆地向海洋的自然延伸。原来沿海的平原被海水淹没了，就形成了大陆架浅海。大陆架浅海像一个花环一样环绕着陆地，全世界的大陆架总面积和整个非洲大陆的面积差不多。比如，中国的渤海、黄海及东海的大部分都在大陆架上。

由于大陆架大部分位于浅海，光照充足，海水温暖，所以非常适合各种海洋生物的生存，人类食用的鱼虾藻类等海产品，主要是从大陆架浅海地带捕捞的，这个地带的水产品占整个海洋水产品的绝大多数。

大陆架海底还蕴藏着丰富的石油、天然气，能源资源大约占全世界的1/3。而位于陆地上许多石油矿，也是以前在大陆架海底环境中，经过复杂的化学变化形成的。

大陆架丰富的植物资源和种类繁多的鱼类和其他海洋生物资源，也使得大陆架浅海地区更加适合海洋生物的生存。

相对于冰冷深暗的海底，浅海是一个相对多彩的世界，各种海洋生物沐浴在光亮温暖的海水中。色彩绚烂的小鱼漫游在奇形怪状的珊瑚丛中，奇异可爱的各种贝类、海星、水母以及五颜六色的海草，随着波浪的涌动，翩翩起舞，构成了一幅美丽的图画。

陆地上的植物有树木花草。大树构成大片森林。小草形成千里草原，或者长成花园绿地。而海洋里的植物都称为海草，它们同陆地上的植物一样，大小不同。有的海草很小，要在显微镜的帮助下放大几十倍、几百倍才能看见。它们大多数由单细胞或多细胞构成，长着不同颜色的枝叶，靠着枝叶在海水中漂浮生长。

尤其是单细胞海草，它们的生长和繁殖速度很快，一天的时间便能增加许多倍。虽然它们不断地被各种海洋生物吞食，但是它们的总体数量仍然很庞大。

大的海草有几十米甚至几百米长，它们都有着柔软的身体并紧贴海底，时常被波浪冲击得前后摇摆，但却不易被折断。

海草的经济价值很高，比如，生长在浅海中的海带、紫菜和石花菜，都是很有营养价值的食品，有的海草含有特殊的成分，还可以提炼碘、溴、氯化钾等工业原料和医药原料。

海草还是很多种海洋动物赖以生存的食物。有些海洋动物是以食用海草来生存的，另外一些是靠吃“食草”动物来维持生命的，所以，从总体上来讲，海洋中的动物都是靠海草来养活的。

海草像陆上的植物一样，也是离不开阳光的。海洋中的绿色植物也是，从海水中吸收养料，在太阳光的照射下，通过光合作用，合成有机物质糖和淀粉等，以满足海洋生物生活的需要。

光合作用必须要有阳光的参与。但是阳光只能透入海水表层，这使得海草的生存区域受到很大的限制，它们仅能生活在浅海中或大洋海水的表层，大的海草只能生活在海边，或海水深度只有几十米的海底。

第三节　史上最厉害的富豪

浩瀚无垠的海洋里生存着数量庞大的生物，广阔的海床上蕴藏着数不清的资源，像一个聚满了众多宝物的聚宝盆。在这个华丽的聚宝盆中，各种资源应有尽有，耀眼夺目。目前，人类也只能是站在聚宝盆的边缘，尽最大努力开发其中最小的一部分。

鱼、贝、虾、蟹等资源，仅仅是这位最厉害的富豪所赐予人类的很小一部分。从资源分类的角度来讲，海洋里的宝藏主要分为生物资源、矿产资源、海水资源、海洋能源等。数量极其庞大，种类应有尽有，是一个巨大的资源和能源储备库。

一、点水成金

对海洋财富的探索，由来已久。在第一次世界大战结束时，人类就期望能在这位坐拥无数宝藏的富豪的“聚宝盆”中得些实惠。

1919 年，德国在第一次世界大战中战败。德国曾经为了在战争中取得胜利，几乎耗尽了自己所有的资源和财富。当时，整个德国处于生产萎靡、经济衰退、通货膨胀、失业率极高的残酷境地。

在这般凄惨的境地中，德国还要背负着几万吨黄金的战争赔款。凄惨的境地加上巨额的战争赔款，使得德国民不聊生，人们深感绝望，需要足够的财富摆脱当时的窘境。就在此时，有一个人大声宣布："我们不必再为国债而忧愁，也不必为未来担忧了！仁慈而富有的大海，可以帮助我们渡过所有难关。"

这位信誓旦旦的人就是举世闻名的德国化学家——哈伯。哈伯通过研究，得出了一个可以说是异想天开的结论：大海中含有550万吨黄金，而目前德国只要提取出1/10就已足够应对所有困难了。

随后，信心满满的哈伯向德国政府提交了自己总结的相关报告和详细的试验方案。自然，德国政府见到这份振奋人心的报告时，很是欣慰，认为走出困境的方法近在眼前了。德国政府马上给哈伯拨付了一笔用于试验的经费，并派出了一艘海洋调查船供哈伯自由使用。

哈伯得到政府的认可和支持后，全身心地投入调查试验中。哈伯和他的助手们驾驶着调查船奔波在辽阔的大西洋上，他每天忙碌着在海水中提取金属。时光如梭，转眼间，7年时间过去了。在这段时间内，哈伯用各种方法做了上万次的试验。

但遗憾的是，海水中的黄金含量实在太低了，每升海水中的含金量仅仅为9毫微克。这样得到的黄金，与巨额的国债相比，简直可以忽略不计。到了1928年，当初满怀期盼与激情的哈伯不得不承认自己的试验失败了。

从海水中提取黄金的试验虽然没有成功，哈伯也并未在汪洋大海中得到可以救国救民的大量黄金，但他却在一扇"点水成金"的大门前，为人类利用海洋推开了一个新的缝隙。这个传奇

的历史事件，带给了后人无限的遐想和憧憬。后来，相继出现许多同哈伯一样付出毕生精力投入到对海洋宝藏的探索中的科学家。

虽然，他们并没有真正从海洋的聚宝盆里攫取到自己期望的巨大财富，但也使得后人通过他们的努力对海洋有了进一步的认识。人类向海洋索取财富的努力从来就没有停止过。在不久的将来，“点水成金”或许就会梦想成真。

二、最厉害的富豪的宝箱

随着社会的发展，人类对能源的需求越来越大，对环境的要求也越来越高。于是，运用可再生能源便成为合情合理的事情。

在广阔无垠的海洋中蕴藏着丰富的清洁能源宝库，其中富含海水化学资源、生物资源、矿产资源、潮汐能、波浪能、海流能、海洋温差能、海盐能等诸多能源财富。

自20世纪60年代以来，日渐严重的生存危机使得人类加快了对新能源探索的步伐，最终人类找到了富有而美丽的海洋，人类希望能够得到这位最厉害的富豪的帮助。科学家们普遍认同，海洋里所蕴藏的资源要比陆地上的资源丰富得多。

打开这位最厉害的富豪的私人宝库，让大家一睹其中令人眼花缭乱的场景。它有开发不尽的水资源，经过淡化可以解决沿海地区淡水资源紧缺的问题。甚至一些内陆地区，经过建设远距离输水设备，可以将经过淡化的海水运送到干旱少雨的地区，解决迫在眉睫的缺水问题。此外，海洋还有丰富的海洋动植物资源和矿物油气资源，以及难以估量的海洋能源。只要观其一隅，便知其他。

海水淡化，是指从海水中获取淡水的技术和过程。海水淡化方法已经成熟，早在20世纪30年代就已经有所利用，当时主要是采用多效蒸发法。20世纪50年代至20世纪80年代中期主要是多级闪蒸法（MSF），直至今天，利用该方法淡化水量仍占相当大的比重。

另外，随着海水淡化的应用越来越广泛，20世纪50年代中期，人们开始采用电渗析法淡化海水。20世纪70年代，人们学会了使用反渗透法和低温多效蒸发法进行海水淡化，特别是反渗透法海水淡化已成为发展速度最快的技术。

据国际脱盐协会统计，全世界海水淡化水日产量巨大，已经解决了世界上1亿多人口的供水问题。这些海水淡化水还可用作优质锅炉补水或优质生产工艺用水，并可为沿海地区提供稳定可靠的淡水。

国际海水淡化的淡化海水价格已从20世纪60年代、70年代的2美元/吨以上降到现在不足0.7美元/吨的水平，接近或低于国际上一些城市的自来水价格。随着技术进步，定然会导致海水淡化成本的进一步降低，海水淡化的经济合理性将更加明显，并可作为可持续开发淡水资源的手段，成为解决水资源问题的一个可行途径，引起国际社会越来越多的关注。

广阔的海洋不仅有取之不尽的水资源，还生长着形形色色的动植物，据科学界测算，现在记录的海洋动物有21万种之多，植物有1万多种，但是没有发现的海洋生物可能是这个数目的10倍不止。因此，广阔的海洋可以看作是一个巨大的水产资源的宝库。

海洋也是矿产资源的聚宝盆，广阔的海床上蕴藏着丰富的石油、煤、铁等各种矿物，还有可燃冰等能源类矿物。据估计，世界石油极限储量超过 10000 亿吨，可采储量 3000 亿吨，其中海底石油 1350 亿吨。世界天然气储量 255 亿~280 亿立方米，海洋储量占 140 亿立方米。20 世纪末，海洋石油年产量达 30 亿吨，占世界石油总产量的 50%。中国在临近各海域油气储藏量约 40 亿~50 亿吨。由于发现丰富的海洋油气资源，中国有可能成为世界五大石油生产国之一。

世界许多国家已在近岸海底开采煤铁矿藏。日本海底煤矿开采量占其总产量的 30%。智利、英国、加拿大、土耳其也有开采。日本九州附近海底发现了世界上最大的铁矿之一。亚洲一些国家还发现许多海底锡矿。已发现的海底固体矿产有 20 多种。中国的大陆架在浅海区域广泛分布有铜、煤、硫、磷、石灰石等矿。这些矿产资源，尽管还没有被充分开采，对每个国家来说，却是一笔巨大的财富储备。

海滨沉积物中有许多贵重矿物，如：含有发射火箭用的固体燃料钛的金红石，含有火箭、飞机外壳用的铌和反应堆及微电路用的钽的独居石，含有核潜艇和核反应堆用的耐高温和耐腐蚀的锆铁矿、锆英石，某些海区还有黄金、白金和银等。中国近海海域也分布有金、锆英石、钛铁矿、独居石、铬尖晶石等经济价值极高的砂矿。另外，海洋矿藏含有锰、铁、镍、钴、铜等几十种元素。世界海洋 3500~6000 米深的洋底储藏的金属矿藏约有 3 万亿吨。

中国已在太平洋调查 200 多万平方千米的海域，其中有 30 多万平方千米有开采价值，联合国已批准其中 15 万平方千米的区域分配给中国作为开辟区。富钴锰结壳储藏在 300~4000 米深的海底，比较容易开采。有的国家，比如美、日等国已设计了一些开采系统。

人类利用海底矿物资源的梦想已经迈出了坚实的一步。此外，还有热液矿藏和可燃冰，也是人类巨大资源财富。热液矿藏是一种含有大量金属的硫化物，由海底裂谷喷出的高温岩浆冷却沉积形成，目前已发现30多处矿床。仅美国在加拉帕戈斯裂谷储量就达2500万吨，开采价值达39亿美元。

可燃冰是一种被称为天然气水合物的新型矿物，在低温、高压条件下，由碳氢化合物与水分子组成的冰态固体物质。其能量密度高，杂质少，燃烧后几乎无污染，矿层厚，规模大，分布广，资源丰富。据估计，全球可燃冰的储量是现有石油天然气储量的两倍。在20世纪，日本、苏联、美国均已发现大面积的可燃冰分布区，中国也在南海和东海发现了可燃冰。据测算，中国仅南海的可燃冰资源量就达700亿吨油当量，约相当于中国陆上油气资源量总数的1/2。在世界油气资源逐渐枯竭的情况下，可燃冰的发现又为人类带来了新的希望。

由于人类对两极海域和广大的深海区还调查得很不够，大洋中还有多少未探明的海底矿产，人们还难以估计。

不仅仅是矿物资源，世界海洋还蕴藏着极其丰富的油气资源，其石油资源量约占全球石油资源总量的34%。世界海洋油气与陆上油气资源一样，分布极不均衡。

在四大洋及数十处近海海域中，石油、天然气含量最丰富的是波斯湾海域，约占总贮量的一半。仅次于波斯湾海域的是委内瑞拉的马拉开波湖海域，第三位是北海海域，第四位是墨西哥湾海域。亚太、西非等海域的储藏量也十分惊人。

中国南海油气资源潜力大。据海南省政协提案提供的数据，南海勘探的海域面积仅有16万平方千米，而发现的石油储量有

55.2 亿吨，天然气储量有 12 万亿立方米。初步估计，整个南海的石油地质储量大致为 230 亿~300 亿吨，约占中国总资源量的三分之一，属于世界海洋油气主要聚集中心之一。

除此之外，海洋还蕴藏着巨大的能源资源，统称海洋能。包括潮汐能、波浪能、温差能、海流能和盐差能等，不仅总量巨大，而且清洁、可再生，可供人们开发利用。看来，这位富豪真是富裕得难以想象。人类与它为邻，何愁没有资源和能源可以“借用”呢?

小资料：海底的矿藏

富钴结壳又称钴结壳、铁锰结壳。生长在海底岩石或岩屑表面的皮壳状铁锰氧化物和氢氧化物。因富含钴，名富钴结壳。表面呈肾状或鲕状或瘤状，黑色、黑褐色，断面构造呈层纹状、有时也呈树枝状，结壳厚 5~6 厘米，平均 2 厘米左右，厚者可达 10~15 厘米。构成结壳的铁锰矿物含锰 2.47%、钴 0.90%、镍 0.5%、铜 0.06%（平均值）、铂（0.14~0.88）$\times 10^{-6}$，稀土元素总量很高，很可能成为战略金属钴、稀土元素和贵金属铂的重要资源。

它主要产在水深 800~3000 米的海山和海台顶部和斜面上，其赖以生长的基质有玄武岩、玻质碎屑玄武岩及蒙脱石岩。主要生长期可能是1000 万年前和 1900 万~1600 万年前的两个世代，生长速率为 27~48 毫米/百万年。在太平洋天皇海岭、中太平洋海山群、马绍尔群岛海岭、夏威夷海岭、麦哲伦海山、吉尔伯特海岭、莱恩群岛海岭、马克萨斯海台等地都有发现，其资源远景巨大。

可燃冰又被称作甲烷水合物，是甲烷气体和水分子形成的笼状结晶。若将二者分离，就能获得普通的天然气。这种外面看起来像冰一样的物质是在高压低温条件下形成的，也就是说，它通常存在于大陆架海底地层，地球两极的永久冻结带也有一定的分布。

可燃冰是未来洁净的新能源。它的主要成分是甲烷分子与水分子。它的形成与海底石油、天然气的形成过程相仿，而且密切相关。埋于海底地层深处的大量有机质在缺氧环境中，厌气性细菌把有机质分解，最后形成石油和天然气（石油气）。其中许多天然气又被包进水分子中，在海底的低温与压力下又形成可燃冰。这是因为天然气有个特殊性能，它和水可以在温度2~5摄氏度内结晶，这个结晶就是“可燃冰”。因为主要成分是甲烷，因此也常称为“甲烷水合物”。

在常温常压下，可燃冰会分解成水与甲烷，可燃冰可以看成是高度压缩的固态天然气。可燃冰外表上看它像冰霜，从微观上看其分子结构就像一个一个“笼子”，由若干水分子组成一个笼子，每个笼子里“关”一个气体分子。目前，可燃冰主要分布在东、西太平洋和大西洋西部边缘，是一种极具发展潜力的新能源，但由于开采困难，海底可燃冰至今仍原封不动地保存在海底和永久冻土层内。

热液矿藏又称“重金属泥”，是由海脊（海底山）裂缝中喷出的高温熔岩，经海水冲洗、析出、堆积而成的，并能像植物一样，以每周几厘米的速度飞快地增长。它含有金、铜、锌等几十种稀贵金属，而且金、锌等金属品位非常高，所以又有“海底金银库”之称。饶有趣味的是，重金属五彩缤纷，有黑、白、黄、蓝、红等各种颜色。

在当今技术条件下，虽然海底热液矿藏还不能立即进行开采，但是，它却是一种具有潜在力的海底资源宝库。一旦能够进行工业性开采，那么，它将同海底石油、深海锰结核和海底砂矿一起，成为21世纪海底四大矿种之一。

三、生物资源更惊人

海洋生物资源又称海洋水产资源，指海洋中蕴藏的经济动物和植物的群体数量，是有生命、能自行增殖和不断更新的海洋资源。其特点是通过生物个体种和种下群的繁殖、发育、生长和新老更替，使资源不断更新，种群不断补充，并通过一定的自我调节能力达到数量相对稳定。

自古以来，海洋生物资源就是人类食物的重要来源。近数十年来，人类对水产品的需求有了很大增长。

海洋生物资源还提供了重要的医药原料和工业原料。海龙、海马、珍珠粉、龙涎香、鹧鸪菜、羊栖菜、昆布等，很早便是我国的名贵药材。当前，海洋生物药物已在提取蛋白质及氨基酸、维生素、麻醉剂、抗生素等方面取得进展。

以贝壳制造工艺品在中国已成为一种行业，一些珊瑚是很受欢迎的艺术品。海鸟粪含磷达20%，是极好的天然肥料。鲸油既可经加工后食用又是重要的化工原料，抹香鲸头部的油是精密仪器的高级润滑油。海藻的提取物，特别是褐藻胶和琼胶在工业上也有广泛的用途。

鱼类资源是海洋生物资源中最重要的一类，人们所能够利用的鱼类中，中上层种类比较多，占鱼类捕获总量的70%左右。主要是鳀科、鲱科、鲭科、鲹科、竹刀鱼科、胡瓜鱼科和金枪鱼科等的种类。生活在海洋底层的鱼类中，产量最大的是鳕科，其次是鲆鲽类。

经济鱼类中年产量超过 100 万吨的有约 10 种。这 10 种中，除狭鳕（明太鱼）、大西洋鳕为底层或近底层种外，其余 8 种都是上层鱼类，它们是远东沙瑙鱼、沙瑙鱼、毛鳞鱼、鲐、智利竹鱼、秘鲁鳀、沙丁鱼、大西洋鲱。

从捕获鱼类的食物对象划分：以食海洋浮游生物的鱼类比例最大，约占 75%（其中食浮游植物的鱼类约占 19%）。食海洋游泳生物的鱼类约占 20%。食海洋底栖生物的鱼类约占 4%。剩下的 1%则是各种类群的生物。

海洋鱼类资源由于管理不当、利用不合理，有许多种的产量已出现明显的下降趋势，如狭鳕、大西洋鳕、大西洋毛鳞鱼、太平洋的鲐鱼和秘鲁鳀等。

这说明世界传统鱼类的资源开发已经比较充分，甚至有些种的开发已经过度，遭受到不同程度的破坏。

渤海、黄海、东海的许多传统性捕捞对象（如真鲷、小黄鱼、大黄鱼、鳓鱼、鳕鱼、鲆鲽类等）资源已严重衰落，出现了与世界各海域传统渔场类似的情况。

对海洋中可利用的生物资源的潜力，科学家们的见解不尽相同，一般认为有 1 亿~2 亿吨，接近目前海洋渔获量的 2 倍左右。

2500 米的海洋深处曾发现结群性的经济鱼类，说明大陆坡及更深处仍有一定数量的生物资源可为人类利用。估计水深 200~2000 米范围内，鱼类和非鱼类的可捕量可达 3000 万吨。由于许多大型深海鱼类寿命较长，性成熟较晚，若过多捕捞同样会导致对资源的破坏。

中国海洋捕捞业历史悠久，但直到20世纪40年代，全国水产量每年只有50多万吨。20世纪50年代有了较大提高，达200万吨，20世纪60年代超过200万吨，20世纪70年代增到350多万吨，但质量略显下降。另外，远洋捕捞业也于1985年起步，保持着持续快速发展，鱿鱼、金枪鱼等品种成为国内消费市场上的组成部分。农业部提出的“十二五”远洋渔业发展规划，使得产业综合实力和整体竞争能力不断增强，进一步壮大了远洋渔业。

近30年来，远洋渔业取得了跨越式发展，成功跻身世界主要远洋渔业国家行列。未来将着力构建现代的物质装备体系、完善的政策扶持体系、有力的科技支撑体系、科学的管理服务体系和健全的人才培养体系，为中国的远洋捕捞事业的发展做好最基本的支持。

海洋软体动物是除了鱼类以外最重要的海洋动物资源。据不完全统计，世界海洋软体动物资源采捕量约为469万吨，占海洋渔业捕获量的7.0%左右。头足类在大洋中（甚至近海区）常有极大的数量，能够形成良好的渔场。但因对其种群结构及栖息移动规律了解较少，资源尚未很好开发利用，仍有较大潜力。

虾蟹类更受到市场的欢迎。虾、蟹的市场价格超过鱼类的很多倍，是颇受重视的一个类群。由于它们的寿命短、再生力强，因而已成为人工增养殖的对象。

海洋哺乳动物包括鲸目（各类鲸及海豚）、海牛目（儒艮、海牛）、鳍脚目（海豹、海象、海狮）及食肉目（海獭）等。其皮可制革、肉可食用，脂肪可提炼工业用油。其中鲸类年捕获量约2万头。

传统性的渔业，主要是人类单方面地利用，未考虑对渔业资源进行系统的科学管理。为了保持海洋的生态，实现海洋生物可持续发展，人类应当有计划有节制地利用海洋生物资源。同时开源节流，开发远洋和深海的鱼类，开发海洋食物链级次较低的种类，如南极磷虾资源，大力发展海洋生物养殖业等都是解决过度捕捞海洋生物的可行办法。

此外，海洋里还生存着数量和种类都极为庞大的植物，它们以各类海藻为主，主要有硅藻、红藻、蓝藻、褐藻、甲藻和绿藻等 11 门，其中近百种可食用，还可从中提取藻胶等多种化合物。

当前，世界海洋生物资源利用很不充分，捕捞对象仅限于少数几种，而大型海洋无脊椎动物、多种海藻及南极磷虾等资源均未很好开发利用。捕捞范围集中于沿岸地带，仅占世界海洋总面积 7.4%的大陆架水域，却占世界海洋渔获量的 90%以上。海洋每年可提供鱼产品约 2 亿吨，迄今仅利用 1/3 左右。

第四节　海洋，能量无限

海洋能是指依附在海水中的可再生能源，具有极大的开发价值和潜力。蕴藏于海水中的海洋能十分丰富，储量也十分巨大，其理论储量是目前全世界各国每年耗能量的几百倍甚至几千倍。

海洋通过各种物理过程接收、储存和散发能量，这些能量以潮汐、波浪、温度差、盐度梯度、海流等形式存在于海洋之中，应有尽有，取之不尽。可以说，海洋是新型能源的聚宝盆。

一、什么是海洋能

海洋能通常是指蕴藏于海洋中的可再生资源，它们都是以海水为载体，以潮汐、波浪、海流、温差、盐度梯度等形式存在于海洋中，形成了潮汐能、波浪能、海流能、温差能、海盐能。

海洋能中的潮汐能与海流能来源于太阳和月球对地球的引力作用。其他几种能源则是来源于太阳辐射。按存在形式，海洋能可分为机械能、热能和化学能。潮汐能、海流能和波浪能为机械能，海水温差能为热能，海水盐差能为化学能。

海洋能可以以多种方式转换为电能或其他形式的能量运用到

人类发展中。根据联合国教科文组织 1981 年出版物所估计的数字，5 种海洋能理论上可再生电能的总量为 766 亿千瓦。其中，温差能可产生 400 亿千瓦的电能，盐差能可产生 300 亿千瓦的电能，潮汐能和波浪能均可产生 30 亿千瓦的电能，海流能可产生 6 亿千瓦的电能。

理论上来讲，目前海洋能的储量是全世界各国每年所消耗能量的几百倍甚至几千倍，开发利用的潜力很大，前景也很光明。

人类之所以青睐蔚蓝大海中的海洋能，是因为其具有以下特点：

(1) 海洋能在海洋总水体中的蕴藏量巨大。

(2) 海洋能具有可再生性。海洋能来源于太阳辐射能与天体间的万有引力，只要太阳、月球等天体与地球共存，这种能源就会再生，就会取之不尽，用之不竭。

(3) 海洋能有较稳定与不稳定能源之分。较稳定的为温度差能、盐度差能和海流能。不稳定能源分为变化有规律与变化无规律两种。属于不稳定但变化有规律的有潮汐能与潮流能。人们根据潮汐潮流变化规律，编制出各地逐日逐时的潮汐与潮流预报，预测未来各个时间的潮汐大小与潮流强弱。潮汐电站与潮流电站可根据预报表安排发电运行。海洋能中既不稳定又无规律的是波浪能。

(4) 海洋能属于清洁能源。在海洋能开发利用过程中，几乎不会出现氧化还原反应，不会向大气排出有害气体，对环境污染的影响非常小。海洋发电站运行的全过程中，并不需要消耗不可再生且污染性大的矿物燃料，避免了新的污染，也避免了不可再生资源的过度开采。

二、早已经被利用的海洋能

潮汐的运动蕴藏着巨大的能量，这就是人们经常提到的潮汐能。一般来讲，潮汐能包括潮汐和潮流两种运动方式所包含的能量，这种能量是永恒的、无污染的能量。早在 11 世纪，英国、法国和西班牙就有利用潮汐能的水车，当时的潮汐水车大约可以产生 30~100 千瓦的机械能。

其实，我国劳动人民很早就知道利用海洋能，利用潮汐能的历史可追溯到距今 1000 多年前，即时在山东蓬莱地区就出现了潮汐磨。据史料记载，在宋朝修建的洛阳桥（位于今天福建泉州），便是利用潮汐能来搬运石料的。当时，人们将巨石放在木筏上，乘潮涨时，把木筏移动到施工安装地点，随着潮位下降，巨石完好无损地落在预定位置。

早在 19 世纪末，人类就已提出波浪能和温差能的利用设想。但有规模地对海洋能进行开发研究是在 20 世纪 50 年代以后，首先是潮汐能，然后是波浪能、温差能等。

三、海洋能发电

海洋能利用的主要方式是发电。除了潮汐发电已被实际应用，其他海洋能的利用尚处于技术开发、基础研究和示范研究阶段。近期可能利用的海洋能源主要有潮汐能、波浪能、潮流能和温差能。

俄罗斯、中国、加拿大、英国、日本、美国、印度、印尼等国家都是海洋能资源十分丰富的国家。它们在 20 世纪 70 年代后，为保证社会所需能源得到稳定而持久的发展，而又不危及生态环境和后代人的生存，均对海洋能的开发，从摸清资源状况、制订发展计划、组织科技项目到实用技术的试验和商业化，投入了大量人力、物力。

这里以海洋能中常用的潮汐能电站为例进行说明。因月球和太阳对地球各处引力的不同引起潮汐现象，潮汐导致海水平面周期性地升降，因海水涨落及潮水流动所产生的能量，称为潮汐能。

现代潮汐能的利用，主要是潮汐发电。潮汐发电是利用海湾、河口等有利地形，建筑水堤，形成水库，以便于大量蓄积海水，并在坝中或坝旁建造水力发电厂房，通过水轮发电机组进行发电。

潮汐发电与普通水力发电原理类似，差别在于海水与河水不同，蓄积的海水落差不大，但流量较大，并且呈间歇性，从而潮汐发电的水轮机的结构要适合低水头、大流量的特点。目前，世界上最著名的潮汐装置是位于法国圣马洛附近朗斯河口的朗斯潮汐电站工程。该电站最早的建议于 1737 年提出。1953 年，法国政府决定出资兴建。第一台设备于 1967 年投入运行，发电站包括 24 台可逆型机组，总计电站容量 24 万千瓦。其水轮机可用来在水流流入或流出时发电、泵水，并起到闸门的作用。这种运行的灵活性使电站在 1.5 米的低水头下也能在退潮和涨潮时发电。

由于增加了泵水能力，电站输出逐步增加，现在年总发电能力约为 6×10^8 千瓦时。平均潮差约为 8.5 米，但最高大潮达 13.5 米。水库面积 90000 平方米。

这个工程中的灯泡式装置的性能非常好，其平均利用率稳定地增加到实际最大值的95%，每年因事故而停止运转的时间平均少于5天，灯泡式装置注水门和船闸的阴极保护系统在抵抗盐水腐蚀方面很有效。这个系统使用的是白金阳极，耗电仅为10千瓦。

这个潮汐能发电站对环境的影响总体是好的。在拦河坝体上修筑的车道公路使圣马洛和狄纳尔德之间的路线缩短，在夏天每月的最大通车量达50万辆，这个工程本身对旅游者有巨大的吸引力，每年去那里游览的人达20万人。拦河坝有效地把这个河口变成人工控制的湖泊，大大改善了驾驶游艇、防汛和防浪的条件。

四、中国的海洋能电站

中国是世界上建造潮汐电站最多的国家，也是建设潮汐电站最早的国家，江厦电站是我国最大的潮汐电站。

江厦电站研建是国家“六五”重点科技攻关项目，总投资为1130万人民币，1974年开始研建，1980年首台500千瓦机组开始发电，至1985年共安装500千瓦机组一台、600千瓦机组一台和700千瓦机组三台，总容量3.2兆瓦。

江厦电站机组参照法国朗斯电站并结合江厦的具体条件设计，单机容量0.5~0.7兆瓦，总体技术水平和朗斯电站相当。

总的来说，潮汐发电机组的技术已成熟，朗斯电站机组正常运行已超过40年，江厦电站也已工作30多年。

潮汐电站的运行是一项高智力的技术，巧妙地利用外海水位和水库水位的相位差，可以有效提高电站输出力。但这些机组的制造是基于 20 世纪中后期的技术。如今，利用先进制造技术、材料技术和控制技术以及流体动力技术设计，对潮汐发电机组有很大的改进潜力，主要是在降低成本和提高效率方面。

在环境方面，潮汐电站的海洋环境问题是一个很复杂的课题，主要包括两个方面。

一是建造电站对环境产生的影响，如对水温、水流、盐度分层以及水浸到的海滨产生的影响等。

这些变化又会影响到浮游生物及其他有机物的生长及这一地区的鱼类生活等。对这些复杂的生态和自然关系的研究还有待深入。

二是海洋环境对电站的影响，主要是泥沙冲淤问题。泥沙冲淤除了与当地水中的含沙量有关外，还与当地的地形及潮汐和波流等相关，作用关系复杂。

例如，浙江的江厦、沙山、海山三个电站均在乐清湾内，尤其是江厦和沙山电站，湾中含沙量相同，但江厦没有淤积问题，而沙山电站前阶段有淤积问题。又如山东的白沙口电站库内淤积不大，而电站进出口渠道上出现淤积问题。其原因是与进、出口水道的位置安排不当直接有关。总之，潮汐电站的环境问题复杂，且需对具体电站进行具体分析。

除了潮汐电站之外，中国的海洋温差能电站也有一定的发展。2012 年 7 月，中国海洋温差能发电在山东青岛市试验成功。随着“嗡嗡”的机器轰鸣声，涂着红色和蓝色的发电装置高速运转起来，没过多长时间，安置在墙上的指示灯就光芒四射了。大家不要觉得这是司空见惯的事情，因为这是用海水温差能发出的电。这项课题最终通过验收，标志着我国成为继美国、日本之后第三个独立掌握海洋温差能发电技术的国家。

海洋温差能发电是一项高科技项目，技术比较复杂，投资也大。但是海洋温差能发电收益大，因此若是能够掌握这个技术，还是很有意义的。因为受经济实力、海洋条件的限制，很多国家无法开展这方面的研究，只有美国、日本具备利用海洋温差能发电的技术,美国甚至提出了要在 2016 年建设成功 10 兆瓦级的海洋温差能电站。

在各个有条件发展海洋温差能发电技术国家的影响下，中国也于 2008 年 4 月启动了“十一五”国家科技支撑计划“海洋能开发利用关键技术研究及示范”项目，其中的一项重要课题就是“15 千瓦温差能发电装置研究及试验”。

这个课题攻克了海洋温差发电的关键技术，堪称中国海洋温差能发电的里程碑。

总体上来讲，中国海洋温差能资源十分丰富，在低纬度海域表层海水温度较高，与底层海水具有较大的温差，因此具有广泛的应用前景。特别是南海的岛屿、海上石油平台上，通过海洋温差能发电，有望完全解决能源供应的问题，从而增强海洋开发能力。值得一提的是，除发电外，位于深层的温度较低的海水还可同时进行空调制冷、水产品养殖和海水淡化等一系列的开发,这样可以减少海洋温差能发电的成本。

五、国外走过的路

中国的海洋能发电技术和国外还有一定的差距，国外在利用海洋能方面比中国起步早一些，因此，技术方面会成熟一些。比如，加拿大早在 1984 年就在安纳波利斯建成了一座装机容量为 2 兆瓦的单库单向落潮发电站。该电站的主要目的是验证大型贯流式水轮发电机组的实用性，为当时计划建造的芬迪湾大型潮汐电站提供技术依据。

安纳波利斯电站的单机容量为 20 兆瓦，采用了全贯流技术，可以比灯泡机组成本低 15%。水轮机的入口直径为 7.6 米，额定水头 5.5 米，额定效率 89.1%，是世界上大型机组之一。多年运行的结果表明，机组完好率达 97%以上。

在能源危机的冲击下，英国从 20 世纪 70 年代以来，制定了强调多元能源的能源政策，鼓励发展包括海洋能在内的各种可再生能源。因此，在海洋能的利用方面走在了世界的前列。特别是联合国环境发展大会后，为实现对资源和环境的保护，又进一步加强了海洋能资源的开发利用，把波浪发电研究放在新能源开发的首位，投资 1700 多万英镑研究波浪能装置，使英国在波浪能发电技术方面处于世界领先地位。

在海洋能利用方面，作为能源消耗大国却能源贫乏的日本也不甘落后，在 20 世纪 70 年代就制订了包括海洋能在内的发展新能源的“阳光计划”，1978 年制订了有关节能的“月光计划”，1989 年又推出“地球环境技术开发计划”，1993 年将这三项计划全部纳入“新阳光计划”。

在这项中长期综合性新能源技术开发计划中，日本从 1993 年至 2020 年计划拨付的研究经费总额预计为 150 亿美元。

为了更好地开发利用海洋能，日本还成立了海洋能转移委员会，仅从事波浪能技术研究的科技单位就有日本海洋科学技术中心等 10 多个，并成立了海洋温差发电研究所，专心研究海洋温差发电技术，这使得日本终于在海洋热能的发电系统和热交换器

技术上领先于美国，取得了举世瞩目的成就。

作为能源消耗大国的美国，也把促进可再生能源的发展作为国家能源政策的一个基石，由政府加大投入，制定各种优惠政策，经长期发展，较大规模地利用了包括海洋能在内的可再生能源，成为世界上最大的可再生能源生产国。

新兴经济体的印度面对能源供应不足，电力短缺的困境，在海洋能等可再生能源的发展上加大投入，从减免所得税和关税，建立专门贷款机构，吸引外资及加快折旧等多方面实施优惠政策，这些措施使印度在短短的时间内一跃跨入世界可再生能源开发利用的先进行列。

岛国印尼在挪威的帮助下，从 1988 年开始在巴厘岛建造一座 1500 千瓦的波浪能电站，并确定了建造数百座波浪能电站、实现联站并网的发电计划。

由此可见，在化石燃料能源的不足的背景下，世界上的各个国家为了适应社会可持续发展的需要，纷纷把目光转向海洋，加大投入，人类开发利用海洋能的步伐不断加快。

六、日趋成熟的技术

随着人们对于海洋能利用程度的深入进展，波浪能、潮汐能开发利用技术越来越成熟，已实现或接近商业化发展阶段。潮汐能、波浪能是较早引起人们关注并加以开发的海洋能，近 20 年来，人们对它们的期望也越来越深。

潮汐能是海水潮汐的涨落变化形成的一种可供人们开发利用的海洋能。早在 900 多年前，中国泉州在洛阳江上架桥，就利用潮汐能搬运石块。在15~18世纪，法、英等国曾在大西洋沿岸利用潮汐推动水轮机。

但直到20世纪50年代，人们才开始重视潮汐能发电技术的开发。其中投入运行最早也是容量最大的潮汐电站是法国1966年建成的朗斯电站，装机容量24万千瓦，年发电量可达544亿千瓦时。

尔后，1984年，加拿大在安纳波利斯建成装机容量为20兆瓦的世界第二大潮汐电站。20多年来，美、英、印度、韩国、俄罗斯等也相继投入相当大的力量进行潮汐能开发。

苏联曾计划在白海的梅津湾建造一座世界上最大的潮汐电站，装机容量将达1500万千瓦。据报道，目前世界上计划或拟议中建立的大型潮汐电站有20多座，其中装机容量百万千瓦级的就有9座。

预计到2030年，世界潮汐电站的年发电总量将达600亿千瓦时。可以看出，潮汐电站的建设在经过一段缓慢发展以后，目前又出现了一种新发展势头。

潮汐发电的工作原理和一般水力发电原理是相近的，因此，可利用成熟的水力涡轮发电机。困难的是潮涨、潮落过程中，水流方向相反，水流速度也有变化。要达到潮汐能的稳定发电，技术上必须实现对水力涡轮机的双向推动，并有效控制水库流量。

另外，潮汐电站的选址也是一个较为复杂的问题，既要考虑潮差（一般应大于3米）、海湾地形和海底是否坚硬，又要顾及当地的海港建设和海岸生态环境的保护。

目前，对这些问题在技术上已经有了较为成熟的方法，可以通过技术经济的评估加以解决。由于潮汐能不受洪水、枯水

期等水文因素影响，开发利用潮汐能的社会和经济效益已明显显露出来。

因此，在环境危机和能源危机日益严重的情况下，潮汐能的开发利用，主要是潮汐电站的建设出现新的局面是无可置疑的。

此外，海洋的波浪中蕴藏着巨大的能量。波浪能是一种以海水动能形态出现的海洋能。在波高 2 米、周期 6 秒的海浪里，每 1 米长度的波浪可产生 24 千瓦的能量。尤其在中高纬度和气流不稳定的海域，波能密度更高。利用波浪能发展波力发电，投资少、见效快、无污染，不需要原料投入。因此，自 20 世纪以来，许多海洋国家积极开展了波浪能开发利用的研究，并取得了较大进展。

英国对开发波浪能的研究十分重视，在 20 世纪 80 年代初就已成为世界波浪能研究中心，并于 20 世纪末分别在苏格兰伊斯莱岛和奥斯普雷建成了 75 千瓦和 20000 千瓦振荡水柱式和固定式岸基波力电站。

由英国国家工程实验室（NEL）研制的蜗形中空风箱泵式海浪发电机，在苏格兰的外海上安装，装机容量达 110000 千瓦。

英国致力于威尔斯气动透平的利用、原型波力发电机组、导航浮标的波力透平发电组及小型波能转换器等的研究，这使得英国的波浪发电技术居于世界领先地位，并实现了商业化。英国还援建了毛里求斯一座 2 万千瓦容量的波力电站。

挪威利用多谐振荡水柱技术和减速槽道技术在托夫特斯塔琳建造了两座各为 500 千瓦和 350 千瓦容量的波力电站，均已达到商业应用程度。

日本的波浪能研究与开发也十分活跃。它的 10 多家研究与开发机构既有明确分工又有效协调，并重视技术向生产应用的转化研究，使日本在波浪能转换技术实用化方面走在世界前列。

美国的波浪能研究涉及气功波能转换系统、平行盘波能模件、串联活板系统及随波筏链装置等。由美国能源部技术研究所研制的岸上离岸波力发电系统，将海水挤压到岸上蓄水池，再以水力发电，发电容量可达 400 千瓦以上。

据不完全统计，目前已有 28 个国家和地区研究波浪能的开发，建设大小波力电站上千座，无论是基建数还是发电功率，都在不断地上涨。

七、海洋热能转换（OTEC）技术

尽管海洋里蕴藏着人们难以想象的能量，但是真正利用这些能量需要人们使用一定的装置。怎样将海洋能转化成对人们来讲有利用价值的能源，是海洋能利用过程中，一个极为关键的问题。其中，海洋热能转换技术是一项很有开发价值的技术，而且随着人们对能量的需求越来越迫切，海洋热能转换技术也在不断改进和发展。

海洋热能转换又称海水温差发电（Ocean Thermal Energy Conversion，OTEC）技术取得实质性进展，OTEC 技术将成为海洋能开发中最重要的技术。海洋是世界上最大的太阳能集热器，它每年吸收的太阳能总贮量约 500 亿千瓦，其中可转换为电能的约有 20 亿千瓦。在如此巨大的海洋热能开发中，最有希望的是海洋温差发电，即利用被晒热的海洋表层水和深海（一般在 500 米以下）冷水的温差（至少应高于 18℃）来发电。

OTEC 电站的概念，早在 1881 年就被法国物理学家乔治·克

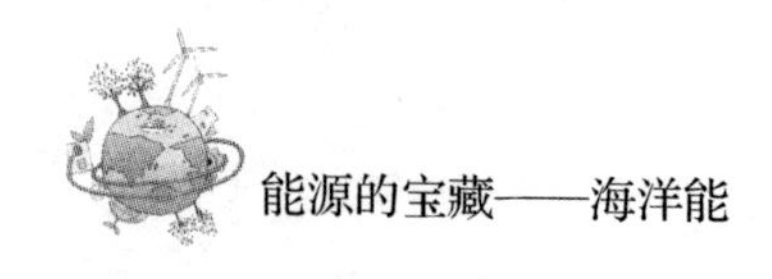

劳德提了出来，但取得实质性进展是近几年来的事。

1979 年，美国在夏威夷群岛附近的古老黑熔岩海床上，采用“兰肯闭式循环”，以氨作工质，建成了世界上第一座“微型 OTEC”发电装置，额定功率为 50 千瓦，除装置自耗电外，净输出功率达 18.5 千瓦。

1981 年，日本在瑙鲁共和国把海水提取到陆上建成一座 100 千瓦的岸式 OTEC 电站，净输出功率为 149 千瓦。与此同时，还在琉球德之岛安装了一台 50 千瓦的 OTEC 发电装置，在九州建立了 25 千瓦的 OTEC 电站实验工程。

之后，1990 年，日本在鹿儿岛建成 1000 千瓦的 OTEC 电站，并计划在隅群岛和富士湾建设 10 万千瓦级大型实用 OTEC 发电装置。1994 年 9 月，美国夏威夷的 OTEC 电站采用克劳德的开式循环，耗资 1200 万美元，使电站总功率达到 225 千瓦，净输出功率 104 千瓦。

如果采用重量轻的复合材料制造涡轮机，并把若干组件串联起来，可建成功率为 1 万千瓦的 OTEC 电站。为降低热交换器的昂贵成本，1996 年 1 月，在 50 千瓦闭式循环电站上进行了新型材料热交换器的试验。

此外，在荷兰、瑞典、英国、法国、加拿大和中国台湾地区等都有开发 OTEC 电站的计划和打算。研究表明：不论是开式循环的小型 OTEC 系统还是发电量可达工业规模的闭式循环装置，全世界可有 98 个国家和地区受益于这项技术。

由于 OTEC 技术已取得上述实质性进展，而且部分技术已商业化，加之，OTEC 不受多变的海浪和潮汐影响，贮存在海洋里的太阳热能随时可用。

在应用 OTEC 发电技术的同时，展现了海水淡化、空调、海水养殖等综合利用的广阔前景，特别是在热带地区，利用 OTEC 技术可为海岛及沿岸地带提供足够的电力和淡水。

因此，随着现代高新技术的发展，许多国家把海洋能利用的大部分研究经费正转向直接用于 OTEC 的研究和开发。OTEC 被国际社会认为是最具潜力的海洋能源。

从 21 世纪的观点和需求看，温差能利用应放到相当重要的位置，与能源利用、海洋高技术和国防科技综合考虑。海洋温差能的利用可以提供可持续发展的能源、淡水、生存空间并可以和海洋采矿与海洋养殖业共同发展，解决人类生存和发展的资源问题。

第二章　大海的呼吸——海洋潮汐

虽然大海瞬息万变，经常海浪奔涌，但这并不能说明大海没有一丝稳重。大海每天都会做一件最有规律、最稳重的事——呼吸。是的，大海也是有呼吸的。海洋的呼吸，主要是靠月球来带动的。可以说，月球就是海洋呼吸的动力。

当人们站在海边欣赏海面时，会发现水面由低升高，直至最高潮。然后又开始回落，直至最低潮。这样的起伏每天会反复两次。月球在其轨道上运行时，伴随着地球的自转，地球上的各部位都有两次涨潮，间隔约为 12 小时 5 分。

海洋潮汐不仅为人们带来了无限的快乐，还为人类带来了蕴量丰富的能源——潮汐能。

第一节　都是月球惹的祸

人们不禁要问了：辽阔的大海没有动力的推动，为什么会产生潮汐现象呢？原来，海洋潮汐不是自己形成的，而是在月球的引力的作用下产生的。在万有引力的作用下，月球对地球上的海水产生吸引力，人们把吸引海水涨潮的力叫引潮力，地球表面各地离月球的远近不一样，因此，月球对地球的吸引力就不一样。

一般来讲，正对着月球的海洋所受的吸引力就大，而背对着的月球的海洋所受吸引力就会变小。由于天体是运动的，各地海水所受的月球的吸引力不断在变化，使地球上的海水发生了时涨时落的运动，从而形成了潮汐现象。

一、话说引潮力

地球上单位质量的物体所受到的月球引力与惯性离心力的矢量和为月球引潮力。地球受到月球（或太阳）的引力和因月球绕地球（或地球绕太阳）公转而产生的离心力合力称为引潮力。

简单一点说，就是月球对于海洋的吸引力，人们把它叫作引潮力。引潮力引起潮汐的涨落。因为天体的运转是有规律的，所

以，潮汐的涨和退的时间，几乎和时钟一样准。一昼夜之间大部分海水有一次面向月球，一次背对月球，于是在这段时间内，海水就产生了两次涨落。

潮汐现象与月球运行的密切关系，早被中国古代科学家所发现，并提出了“月周天而潮应”。“月周天”包括了月球的两种运动，即月球的周日运动和公转运动。这个结论虽然正确，但还属于现象上的描述，并没有找到它们之间的本质的联系。

直到 1687 年牛顿发现了万有引力之后，潮汐和月球、太阳之间的关系才得到了科学的解释。一般认为，月亮引起了地球上的潮汐变化。但是，事实上是地球上的潮汐现象是由于月球和太阳的引力在地球上分布的差异产生的。这个差异叫作引潮力，也叫涨潮力。

有人也许会问：太阳是太阳系最大的天体，那么太阳和地球之间会不会由于万有引力而形成引潮力呢？

通过理论分析可以证明，引潮力的大小与太阳、月球的质量成正比，与它们距离的立方成反比。月球对地球的引潮力是太阳能对地球的引潮力的 2.18 倍（也有的资料说是 2.17 倍，本书采用第一种说法），或者说后者不到前者的一半。

从上文可以这样理解，在引起地球上的潮汐运动的过程中，月球是最主要的因素。可以说，地月作用最显著的表现就是潮汐运动，因此解释了潮汐，就能在一定程度上了解到月球的能力。

在潮汐现象中，月球起着主导作用。在天体运动过程中，月球、地球和太阳形成直角时，会由于月球和太阳的引潮力，相互抵消了一部分，海面的涨落差距会很小，于是形成了小潮。

当太阳、月球和地球处在一条直线上时，月球引潮力和太阳的引潮力齐心合力，引潮力就随之增大，就形成了大潮。

另外，在天文学中，由太阳引潮力造成的潮汐叫作太阳潮，由月球引潮力造成的潮汐叫作太阴潮。

以上主要是从天文因素来讲地球上的潮汐现象。实际上，潮汐现象要受到多种因素的影响，如气流、洋流和海岸地形等。还有，海水的流动要受到海底的摩擦和其本身的内摩擦的作用，就会使高潮向后延迟，即一日间的高潮落后于月球上中天的时刻，一月间的大潮落后于朔望 1~3 日。

由于上述因素造成地球上各处的潮汐的种种差异。例如加拿大芬迪湾和地中海虽都在同一纬度上，但两者的潮汐现象却相差很大，前者以世界潮差最大著称，潮差达 15 米，而后者潮差还不到 40 厘米。也有的地区的海潮不是每天两涨两落，而是只有一涨一落。

另外，由于太阳与月球对地球上各处引力分布差异所产生的引潮力，不仅使海洋产生液体潮，而且还使地球大气产生气体潮，使地壳产生固体潮。

潮汐中蕴藏着巨大的能量，人类经过研究发现，依靠潮汐的落差可以实现发电的功效。而且潮汐能发电，既不浪费资源，也不会污染环境。

二、潮汐涨落探究竟

与海洋接触时间长的人，就会观察到海水有周期性的涨落现象。中国古代把白天出现的海水涨落叫作潮，把晚上出现的海水涨落叫作汐，合称潮汐。

潮汐现象在垂直方向上表现出海水的升降运动，在水平方向

上表现为海水的进退运动。当海水升起前进时叫作涨潮，下降后退时叫作落潮。海水涨得最高时叫高潮，落得最低时叫低潮。从涨潮转变为落潮，或从落潮转变为涨潮，都不是立即进行的，而是海面处于相对平衡状态，前者叫作平潮，后者叫作停潮。平潮时的海面水位（即高潮高）与前后两个停潮时的海面水位（即低潮高）之差的平均值，叫作潮差。

月球、地球除了自转运动外，还各自围绕其公共质量的中心公转，由于太阳的吸引力，地球与月球的公共质量中心会围绕着太阳旋转。为了保持相互间的平衡，使得地球和月球中心的平均距离不会改变，作用在地球和月球上的力的矢量和必须分别等于零。

引潮力在地球上的分布是不均匀的。各地点引潮力大小、方向的差异，必然使被海水所覆盖的地球变形。

以正垂点为中心的半球，引潮力的水平分力指向正垂点，另一个分力指向月球（或太阳），海水质点向正垂点方向集中、朝向月球（或太阳）隆起。以反垂点为中心的半球，引潮力的水平分力指向反垂点，另一个分力背向月球（或太阳），海水质点向反垂点方向集中、背向月球（或太阳）隆起。

在两个半球交界的地方，引潮力指向地心，海水质点向下移动。这样，就使完全被海水覆盖的地球，变成一个分别朝向和背向月球（或太阳）隆起的扁球体。正垂点和反垂点的连线，就是这个扁球体的长轴。这种由于引潮力作用而产生的变形，称为潮汐变形。

在地球上看来，在引潮力作用下，以正、反垂点为中心的海水朝向和背向月球（或太阳）隆起，都是海面的向上升高，在正、反垂点周围，各形成一个水位特高的地区，叫潮汐隆起。在距正、反垂点最远的地方，指向地心的引潮力使那里的海面下降，形成水位特低的地带。

以正垂点为中心的潮汐隆起，称为顺潮，它始终朝向月球(或太阳)。以反垂点为中心的潮汐隆起，称为对潮，它始终背向月球（或太阳)。

因此，随着月球（或太阳）自东向西的运动，两个潮汐隆起不断地自东向西移动，一日之内在地球上移动一周。距正、反垂点最远的海面最低地带，也相应在地球上自东向西移动。

这样，在地表某个具体地点所看到的情况，就是随着时间的流逝，海面不断上升；达到最高水位后，又不断下降；降到最低水位后，又开始上升；如此不停地循环往复，这就是海面不断涨落的周期性运动。在这样周期性的运动中，便产生了能量，人类可以通过一定的设备将这种往返运动带来的能量转化成电能。

小资料：钱塘潮为什么农历八月十八前后最为壮观

钱塘潮，即钱塘江大潮，是世界三大涌潮之一，每年农历八月十八前后，钱江涌潮最大，潮头可达数米。来时，声如雷鸣，排山倒海，犹如万马奔腾，蔚为壮观。因此每到此时，总有许多人慕名前来观潮，这种观潮活动始于魏，盛于唐宋，历经近2000年，已成为当地的习俗。

钱塘潮之所以在每年农历八月十八前后最为壮观是由天文、地理和气象三方面的因素所决定的。

就天文因素来说，潮汐主要是由月球和太阳的引潮力决定的。引潮力的大小与质量成正比,与距离的立方成反比。月球虽

比太阳质量小，但它的距离近,其引潮力要比太阳高。每逢农历初一、十五，太阳、月球、地球三者位置基本是成一线，日月引力一致，形成大潮。

到了中秋期间，由于地球绕太阳公转的位置处于椭圆形轨道的短轴上，日月离地球较近，吸引潮涨的起潮力更大，因此便形成一年一度的特大潮水。由于海水与海底有阻尼，大潮一般都在起潮力最大后的两三天形成，所以钱塘潮在农历八月十八比农历十五更为壮观。

就地理因素来说，钱塘潮比其他地方的海潮更壮观，是与杭州湾的特殊地形分不开的。钱塘江入海的地方叫杭州湾，那里外宽内窄，呈喇叭形，出海处宽达 100 千米，而往西逐渐收缩为 20 千米左右；最狭窄处在海宁的盐官镇附近，只有 3 千米宽。

潮水涌来时，一路上越往西越受到两岸地形的约束，只好涌积起来，潮头越积越高，好像一道直立的水墙，向西推进。同时，由于潮流的作用，把长江泻入海中的大量泥沙，不断地带到杭州湾来，在钱塘江口形成一个体积庞大、好像门槛一样的“沙槛”。当潮水向钱塘江口内涌去时，被拦门沙槛挡住了潮头，潮头被迫陡立，发生破碎，发出轰鸣，出现惊险而壮观的场面。

就气象因素来说，每年此时沿海一带常刮东南风，风向与潮水方向大体一致，助长了潮势。

三、认识潮汐能，利用潮汐能

大家知道，潮水一般一天之内有两次。一日之内，地球上除南北两极及个别地区外，各处的潮汐均有两次涨落，每次周期12小时25分，一日两次，共24小时50分，所以潮汐涨落的时间每天都要推后50分钟。

正是因为有了这样的涨落，才使得海水能够在某处涨潮时，其他地方的不涨的水给予暂时的补充，从而形成潮流，有利于海水环境的交换。

涨潮的时候并不是多出水来，而是因为近海海域的海水在引力月球作用下向陆地一波波的运动形成潮汐，使得人们在陆地上看潮就好像海水涨起来了一样。

潮汐的变化直接影响着人们的生活，比如军事、远洋航海、海上捕鱼、海水养殖、海洋工程及沿岸各类生产活动都受潮汐的影响。为了掌握潮汐的规律，对潮汐的研究从来没有停止过。

在中国沿海分布着许许多多大大小小的海洋站，这些海洋站随时记录着当地潮汐的情况、潮位的变化，并且将这些信息及时准确地传达到国家海洋信息中心，海洋信息的专家们根据这些信息进行分析、计算，并写出我国及世界各地主要港口潮汐时刻表，做到三年早知道，供各类产生部门使用。

前文已经对潮汐发电进行了简单的介绍，潮汐发电与水力发电的原理相似，即把潮水涨落产生的水位差的势能转化为机械能，再把机械能转变为电能。有人计算过，世界海洋潮汐能蕴藏量大约为27亿千瓦，如全部转化成电能，每年发电量大约为1.2

万亿千瓦时。

潮汐能不仅无污染，而且和海浪能、风能、太阳能这些再生能源相比，还有其优势。潮汐能可以不间断地发电，而海浪能、风能、太阳能在较大程度上受气候的影响。因此，如何开发和利用潮汐的巨大能量已成为当前许多国家研究的课题。

有媒体报道，人类第一座商用水下潮汐能发电站在挪威并网发电，使几万人用上了这种新能源。因此，利用这种能量为人们的生产和生活服务，是大有前途的。

第二节　潮汐能大开发

对潮汐能的积极开发，意义在于潮汐能既不会消耗一次性资源，也不会产生污染源，而且不会受到洪水或枯水等情况的影响，可以说是一种可持续利用的清洁能源，在海洋各种能源中，潮汐能的开发利用最为现实、最为简便。目前利用潮汐能最普遍的方法就是建设潮汐电站，此外，还可以结合潮汐发电发展围垦、水生养殖和海洋化工等综合利用项目。

一、潮汐能发电，与各国同行

潮汐能是由潮汐现象产生的能源，它与天体引力有关，地球-月球-太阳系统的吸引力和热能是形成潮汐能的来源。潮汐能是由引潮力的作用，使地球的岩石圈、水圈和大气圈中分别产生的周期性的运动和变化的总称。当海水涨潮时，大量海水汹涌而来，从而产生了很大的动能。同时，随着水位逐渐升高，动能会转化为势能。当画面落潮时，海水奔腾而归，水位陆续下降，势能又转化为动能。海水在运动时所具有的动能和势能统称为潮汐能。

潮汐能的主要利用方式是潮汐发电。潮汐发电与普通水力发电原理类似，都是通过出水库，在涨潮时将海水储存在水库内，以势能的形式保存。然后，在落潮时放出海水，利用高、低潮位之间的落差，推动水轮机旋转，带动发电机发电。

简单地说，潮汐发电就是在海湾或有潮汐的河口建筑一座拦水堤坝，形成水库，并在坝中或坝旁放置水轮发电机组，利用潮汐涨落时海水水位的升降，使海水通过水轮机时推动水轮发电机组发电。从能量的角度说，就是利用海水的势能和动能，通过水轮发电机转化为电能。

潮汐发电大体有 3 种形式：

第一种是单库单向发电。在海湾或河口建造堤坝、厂房和水闸将海湾或河口与外海分隔涨潮时开启水闸将水库充满，落潮时其水位与外海潮位保持一定的潮差，带动水轮发电机组发电。这种形式只建造一个水库，只能在落潮时发电。也有的采用反向形式，即利用涨潮时水流由外海流向水库时发电，落潮时开闸把库水放低。

第二种是单库双向发电。同样是建造一个水库，只是采用一定的水工布置形式或采用双向水轮发电机组保证电站在涨落潮时都能发电。

第三种是双库双向发电。是在有条件的海湾建造两个水库，在涨、落潮过程中，两水库的水位始终保持一定的落差，水轮发电机组在两水库之间，使其连续不断地发电。

电力供应不足是制约中国国民经济发展的重要因素，尤其是在东部沿海地区，而潮汐能具有可再生性、清洁性、可预报性等优点。

在中国优化电力结构、促进能源结构升级的大背景下，发展潮汐发电顺应社会趋势，有利于缓解东部沿海地区的能源短缺。潮汐电站建设可创造良好的经济效益、社会效益和环境效益，投资潜力巨大。

与潮汐发电相关的技术进步极为迅速，已开发出多种将潮汐能转变为机械能的机械设备，如螺旋桨式水轮机、轴流式水轮机、开敞环流式水轮机等，日本甚至开始利用人造卫星提供潮流信息资料。利用潮汐发电日趋成熟，已进入实用阶段。

据不完全统计，全中国潮汐能蕴藏量为 1.9 亿千瓦，其中可供开发的约 3850 万千瓦，年发电量 870 亿千瓦时，大约相当于 40 多个新安江水电站。目前，中国潮汐电站总装机容量已有 1 万多千瓦。

中国海岸线曲折漫长，主要集中在福建、浙江、江苏等省的沿海地区。随着煤、石油、天然气等传统化石能源日益减少，能源短缺现象日益加重，人们纷纷将能源发展重点转向面积更加辽阔的大海。潮汐发电具有资源丰富、储备量大、可再生等特点，而且环保、无污染，成为开发“蓝色能源”的重点。

在大力发展海洋经济的背景下，潮汐发电已经被中国列为“十二五”战略新兴产业规划中新能源的重要组成部分，根据中国海洋能资源区划结果，中国沿海潮汐能可开发的潮汐电站坝址为 424 个，以浙江和福建沿海数量最多。

中国潮汐能的开发始于 20 世纪 50 年代，经过多年来对潮汐电站建设的研究和试点，中国潮汐发电行业不仅在技术上日趋成熟，而且在降低成本，提高经济效益方面也取得了较大进展，已经建成一批性能良好、效益显著的潮汐电站。

1957 年，中国在山东建成了第一座潮汐发电站。1978 年 8 月 1 日，山东乳山的白沙口潮汐电站开始发电，年发电量 230 万

千瓦时。

1980 年 8 月 4 日，我国第一座“单库双向”式潮汐电站——江厦潮汐试验电站正式发电，装机容量为 3000 千瓦，年平均发电 1070 万千瓦时，其规模仅次于法国朗斯潮汐电站（装机容量为 24 万千瓦，年发电约 6 亿千瓦时），是当时世界第二大潮汐发电站。

根据浙江省发布的《浙江省海洋功能区划》，全省的海洋能利用区包括潮汐能区 4 个，重点区域为南田岛湾潮汐能区、三门湾潮汐能区、江厦潮汐能区、海山潮汐能区。潮流能区 1 个，即龟山水道潮流能区，所在的舟山群岛占中国潮流能量的一半左右，开发潜力较大。

据了解，浙江近岸均为强潮区。浙江沿海平均潮差为 4.29 米，潮汐能理论装机容量为 2896 万千瓦，可开发的潮汐能装机容量为 880 万千瓦，约占全国总量的 40%。沿海平均波高为 1.3 米，理论波浪能流密度为 5.3 千瓦/米，可装机容量为 250 万千瓦，波浪能占全国总量的 16.5%。

1980 年 12 月 16 日，福建省水电厅、省水利科研所、省农机科研所等单位组织技术人员到平潭调查潮汐能源。1983 年 10 月，省科委决定在平潭县幸福洋垦区的小结屿海堤内侧建设潮汐发电站。

工程由福建省水利电力勘测设计院设计，平潭县幸福洋试验潮汐电站工程指挥部施工。潮汐电站以垦区的排洪沟和深水养殖池（面积 73 公顷）作为蓄水水库，库容量为 167 万立方米，有效库容量 133 万立方米，采用单向退潮发电。

1984 年 10 月，动工围埝和基础开炸。在小结屿岸边，动工兴建主副厂房，其中主厂房建筑面积 522.7 平方米，副厂房 184.4

平方米。机组安装高程为-3.8 米，装置水轮机和发电机各 4 台。

1988 年主体工程竣工，1989 年 6 月 12 日验收，9 月与县网并网发电。电站总装机容量 1280 千瓦，日发电 2 次 10 小时，设计年发电量 315.17 万千瓦时，当年发电 2.28 万千瓦时。总投资 530 万元。以上这些都是 20 世纪中后期的情况。

站在今天的角度上来看，这些潮汐能电站虽然不是技术最为先进的，也不是能够大量发电的装置，但是在建造这些潮汐能电站的过程中，人们积累了丰富的经验，为再次建造更加先进的潮汐能电站做好了充足的准备工作。

随着人们对海洋潮汐能发电的认识越来越深入，中国近期也在新建设备和效率更高的潮汐能电站。比如，由温州市欧飞开发建设投资集团有限公司建设的浙江省温州市潮汐能电站项目，就是位于浙江省温州市瓯江地区的一个商业化的潮汐能电站项目。总投资达 335 亿元，装机容量为 400000 千瓦。相信在建成以后，一定能够促进中国的潮汐能利用。

但是，需要说明的一点是，由于潮汐发电是以海水为介质，发电设备常年泡在海水中，因此对设备防腐蚀、防海生物附着等方面有严格要求。

在全球范围内，潮汐能是海洋能中技术最成熟和利用规模最大的一种，潮汐发电在国外发展很快。欧洲、北美洲各国拥有浩瀚的海洋和漫长海岸线，因而有大量稳定、廉价的潮汐资源，在开发利用潮汐方面一直走在世界前列。法、加、英等国在潮汐发电的研究与开发领域保持领先优势。

在国外，人们建造的第一座潮汐能电站是 1913 年，德国在北海的海岸建设起了第一座潮汐发电站，但商业实用价值并不大。第一座商业实用价值较大的潮汐电站是 1967 年在法国圣马

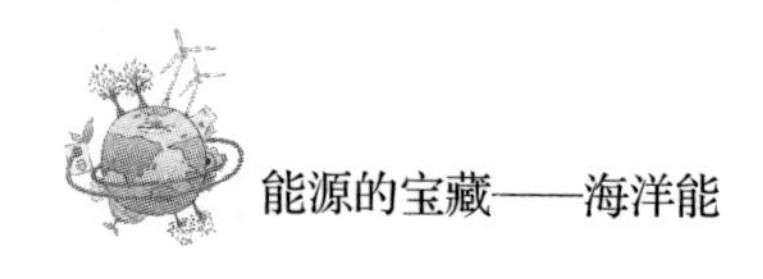

洛湾朗斯河口建成的朗斯电站。

在朗斯电站中，建设了一道长 750 米的横跨朗斯河的大坝。坝上是通行车辆的公路桥，坝下设置船闸、泄水闸和发电机房。朗斯潮汐电站机房中安装有 24 台双向涡轮发电机，总装机容量 24 万千瓦。朗斯电站在涨潮、落潮时都能发电。年发电量近 6 亿千瓦时。

1968 年，苏联在其摩尔曼斯克附近的基斯拉雅湾建成了一座 800 千瓦的试验潮汐电站。1980 年，加拿大在芬迪湾兴建了一座 2 万千瓦的中间试验潮汐电站。那是为了兴建更大的实用电站作论证和准备用的。

由于常规电站廉价电费的竞争，建成投产的商业用潮汐电站不多。然而，由于潮汐能蕴藏量的巨大和潮汐发电的许多优点，人们还是非常重视对潮汐发电的研究和试验。

以韩国为例。位于安山市始华湖的潮汐发电站 2012 年已经正式投入运营，10 台发电机合并发电容量达 25 万 4000 千瓦，年发电量可达 5 亿 5200 万千瓦。作为利用潮汐水位差发电的潮汐发电站，该电站的发电量是相当可观的。

这座潮汐能电站于 2004 年开始建设，历经 7 年时间，通过防波堤外部涨潮带来的水位差，利用水压推动水车旋转从而产生电力。涨潮进来的海水会在退潮时通过另外的闸门倾泻出去。由于只有涨潮时发电机才能启动，发电机每天只能启动两次，每次 5 个小时。韩国政府期望，该发电站全部投入生产后，将能够减少 86.2 万桶原油进口，每年约节省 942 亿韩元，届时能够向 50 万人口的城市供应利用潮汐生产的环保电力。

除始华湖潮汐电站之外，韩国政府还在忠南的泰安、仁川的江华、京畿的平泽、永宗岛北端等西海岸 4 处同时推进潮汐发电站建设。

除了韩国之外，美国的绿色能源公司也在积极探寻技术更加先进、可靠性更强的潮汐能电站。当今世界上，更多的国家对潮汐发电越来越重视，这是因为与风能和太阳能相比，潮汐能更为可靠，其发电量不会产生大的波动，而且不占用农田、不污染环境，成本只有火电的八分之一，为发展潮汐发电提供了充足的机遇，更是为装备制造业进军战略性新兴产业提供了巨大的商机。

二、潮汐能电站，慎重选址

虽然潮汐能是清洁的可持续利用的一种能源，而且现在的潮汐能电站已经进入商业化利用阶段，但是这并不意味着人们可以在任何有潮汐能的地方建造潮汐电站。因为根据早期的一些研究成果，一般将全球海洋在沿岸耗损的潮汐能功率视为潮汐能的理论储量，并且用沿岸潮能耗损的量值作为是否在此建设潮汐能电站的依据。

然而，后来的研究表明，潮汐能与河川水能并不完全相同。潮汐能具有许多特性，首先是潮汐能与潮流能过程有关，其次将潮波耗散能量与理论储量混为一谈是不合理的。这一点在对比两个形状相同、面积大小一样的海湾（其中一个海湾内能量耗损剧烈，且集中在海湾顶部，而另一个则没有能量耗损）后，就显而易见了。

在自然条件下，从外海传来的潮波相同，在第一个海湾中潮汐接近前进波，而在第二个海湾中却发生驻波。但是，在离湾顶相同距离处建坝后，能量耗损地段就可能消除。这样，两个海湾

内的条件就会变得相同，而且大坝外侧会形成同样的潮汐波动，因而这就确定了两个潮汐电站完全相同的运行方式和发电量。所以，自然耗损的能量与所期望的潮汐电站功率特性之间并无直接联系。而且在许多情况下（自然耗散能量很小时），潮汐发电所获得的能量比在自然条件下因摩擦而耗损的能量要多得多。

潮波在近岸耗散的能量不能作为潮汐电站功率估计的依据，建设潮汐电站所获得的能量比自然情况下的潮能耗损大的原因如下：

首先是建设潮汐电站后潮波的波形发生了变化，其次是电站通过人工调节潮能，可以完全避免流速与潮水位之间的相位差，这时流速最大值与水位的最高值同时出现。

这种调节效果的物理本质就好像讲潮汐能从海洋中抽到浅海中，并将其集中用在潮汐电站上。据有关专家统计，目前，全世界运行、设计、研究及建设的潮汐电站共有 139 座。

潮汐能电站发展到今天，人类对于海洋能源的利用量，相对于广阔的海洋所蕴含的能量也不过是九牛一毛，只待技术成熟，广泛开发潮汐能将是不久将来就能实现的美好愿景，在解决开发新能源、利用新能源的问题上，人类即将迈出一大步。

第三节 潮汐能技术设备专利争夺战

目前，能源消费引起的污染已使环境不堪重负，必须通过提高能源利用率，来削减能源消费总量和温室气体排放量。

面对海洋能源产业这块超大蛋糕，各国之间早已摩拳擦掌，相互间的技术设备专利的争夺也充满了浓郁的“火药味”。

潮汐能的开发技术比较成熟，也是人们利用海洋能最具可行性的方式之一，蕴量巨大的潮汐能犹如一个装满“金银珠宝”的巨大宝箱，谁最先触碰这个巨大宝箱或许并不重要，重要的是谁能完全地打开这个宝箱的坚固锁链。这样，就能够稳定而持续地获取丰厚的收益。

一、资源丰富，技术有待完善

在诸多形式的海洋能中，海洋潮汐能量含量巨大，且目前开发技术比较成熟、开发历史较长和开发规模较大。它是最具有开发潜力的新能源之一。

20 世纪 90 年代，在化石能源消耗殆尽、关切减缓温室效应、减少环境危害影响的驱动下，各国都总结潮汐电站运行的经

验，论证其综合效应及采用新技术，实行鼓励新能源和绿色能源开发的政策以降低潮汐电站成本，掀起了新一轮开发潮汐电站的热潮。可以说，潮汐发电前景广阔。

虽然，中国经济在不断地发展，但电力不足的问题也随之逐渐地严重起来。尤其是东部沿海地区是中国的电力的负荷中心，北京、上海和广东等东部地区煤、石油等常规能源资源都比较贫乏，而电力消费占到全国的40%以上。所以这些地方，有必要借用潮汐能来缓解日益严重的能源问题。

在未来发展中，中国必须大力发展潮汐能发电，以减轻对煤、石油等非可再生能源的依赖。经过多年来对潮汐电站建设的研究和试点，不仅在技术上日趋成熟，而且在降低成本、提高经济效益方面也取得了很大进展。

中国的一些沿海地区具有建设大型潮汐电站的资源优势。像东南沿海有很多能量密度较高，平均潮差4~5米，最大潮差7~8米，自然环境条件优越的坝址，如钱塘江口，最大潮差7.5米，据估计能建5000兆瓦级潮汐电站。上海的长江口北支，最大潮差6米，具有建造700兆瓦级潮汐电站的潜力。中国沿海主要为平原型和港湾型两类，以杭州湾为界，杭州湾以北，大部分为平原海岸，海岸线平直，地形平坦，并由沙或淤泥组成，潮差较小，且缺乏较优越的港湾坝址；杭州湾以南，港湾海岸较多，地势险峻，岸线岬湾曲折，坡陡水深，海湾、海岸潮差较大，且有较优越的发电坝址。

浙、闽两省沿岸为淤泥质港湾，虽有丰富的潮汐能资源，但开发存在较大的困难，须着重研究解决水库的泥沙淤积问题，以便利于开发建设潮汐电站。

中国是世界上建造潮汐电站最多的国家，先后建造了几十座潮汐电站，由于各种原因，目前只有8个电站在正常运行发电，总装机容量为6000千瓦时，年发电量1000多万千瓦时，仅次于法国、加拿大。

二、技术设备专利竞争

到目前为止，美国、日本、英国、法国、德国、瑞士、欧洲专利局、世界知识产权组织海洋潮汐能发电相关国家专利已有千件左右，首次专利申请始于1947年。

1974~1981年，是潮汐能发电技术专利申请的第一个快速增长期，这个和当时的时代背景有一定的关系。因国际能源危机，各国纷纷把目光转向海洋清洁能源，不断投入大量资金与人力开展潮汐能开发利用研究。因此，这一阶段国际专利申请量和公开量增长迅速，其专利申请主要以筑坝等潮汐能利用为主。到1981年达到当年申请31项专利的高峰值。

在潮汐能发电专利申请数中，日本申请并公开的专利最多，占24%；其次为美国，占19%；世界知识产权组织占18%，英国占16%，欧洲专利局占12%，德国占9%，法国占1%，其他国家合计占1%。

日本专利公开量在20世纪90年代之前占绝对优势，但后期却逐渐回落。从2003年开始，英国、美国、世界知识产权组织、欧洲专利局的专利公开量激增，超过日本，呈直线上涨态势。德国专利公开平均不过5件，相较美国、英国专利在近期的快速增长尚有较大差距。

亚洲国家除日本外，韩国、新加坡、中国等国家也都有相应

的技术和设备的专利申请，这表明东亚沿海国家除日本外，普遍相对重视潮汐能的开发和利用。另外，大洋洲的澳大利亚和新西兰也有专利产品和技术的申请，研发实力值得关注。

在潮汐能专利技术个人申请中，来自日本的申请人在潮汐能专利申请上表现最活跃，共有 200 多件。英国和美国的申请人紧随其后，在申请数量方面不相上下。这些表明这三个国家的科研实力较强。

欧盟国家的申请人分布比较广泛，德国、挪威、爱尔兰、荷兰、法国、瑞士、希腊、葡萄牙、西班牙、奥地利、意大利、瑞典、丹麦、比利时等国家申请的专利数量也很多，显示这一地区的综合研发实力较强。

在潮汐能发电技术领域，很多世界著名的公司都推出了先进的技术和设备，为潮汐发电提供了过硬的技术支持，使得潮汐电站的建设有章可循。世界上排名前十位的公司对海洋潮汐能专利也有相当数量的申请。其中，德国福伊特西门子水电设备有限公司是专利申请最多的公司，其次是英国洋流水轮机公司。其他公司还有爱尔兰欧鹏海德洛集团有限公司、英国罗吉泰克控股有限公司、加拿大 CCP 公司等，对海洋潮汐能发电的技术和设备都有一定程度的改进。

在海洋潮汐能技术和设备专利申请方面，自然不能少了挪威海德拉潮汐能科技公司和美国绿色能源公司，还有新加坡的亚特兰蒂斯资源有限公司以及挪威哈默福斯特·斯特伦股份有限公司和英国工程事务公司。

海洋潮汐能电站的技术设备专利申请方面，从分布上看，欧美公司占据主导地位，而日本虽有可观的专利数量，但成规模的公司申请很少，一般多为个人申请。

对于公司申请的海洋潮汐能技术设备专利来讲，大部分公司的专利申请集中在 F03B（液力机械或液力发动机），除此之外，新加坡亚特兰蒂斯资源有限公司、英国洋流水轮机公司、爱尔兰欧鹏海德洛集团有限公司、英国工程事务公司涉及 E02B（水利工程）。英国洋流水轮机公司、挪威哈默福斯特·斯特伦股份有限公司涉及 E02D（沉箱、地下或水下结构物）。美国绿色能源公司、德国福伊特西门子水电设备有限公司涉及 F01D（汽轮机）。爱尔兰欧鹏海德洛集团有限公司、加拿大 CCP 公司涉及 H02K（浪涌电力输出）。美国绿色能源公司涉及 F04D（用于液体、弹性流体以及液体和弹性流体的非变容式泵）。

其中，德国福伊特西门子水电设备有限公司在韩建立了一家合资企业——Voith Hydro Tidal 公司，为韩国全罗南道莞岛郡的 600 兆瓦“海龟”潮流发电场研制设备。

装置为水下风车式，单台水轮机功率为 1 兆瓦，安装在桥型结构上，每个桥型结构的横梁上安装 3 台 1 兆瓦的水轮机。横梁可以转动，使水轮机在涨潮和退潮时均可朝向水流方向。公司将在 2010~2015 年完成 600 台 1 兆瓦水轮机的设计、制造及安装工作。

英国洋流水轮机公司是当代潮流能发电技术的领跑者。该公司生产的世界上首台商用潮流能发电装置——1.2 兆瓦“SeaGen”在北爱尔兰斯特兰福德湖并网投入运行。该机组也是目前世界上投入商业运行的最大潮流能发电机组，其额定功率 1.2 兆瓦（现已超发），水轮机转子直径 16 米，额定流速 2.25 米/秒，最低流速 0.7 米/秒，设计获能系数 0.45，装置传动比为 69.9，水轮机转子额定转速为 14.3 转/分。

爱尔兰欧鹏海德洛集团有限公司与美国华盛顿州签署潮流能

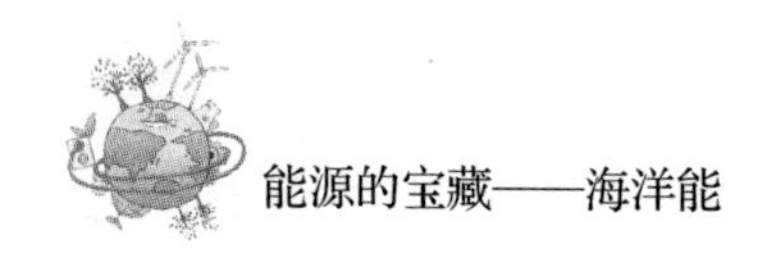

试点项目合同，安装3台欧鹏海德洛集团有限公司的空心贯流式潮流能机组，工程已在2011年建成发电。

该潮流发电装置无轴，由固定的外部环和内部的旋转盘组成，两部分上分别布置线圈和永久磁铁，组成一台永磁发电机。目前该公司正研制1520千米双转子空心贯流式潮流能水轮机，其转子直径达15米，额定流速2.57米/秒。

英国罗吉泰克控股有限公司是英国月能公司的前身，公司核心潮流能发电装置技术为“RTT”技术。

加拿大CCP公司研制了一台双向带聚流罩的空心贯流式水轮机，与“开放中心”类似，该水轮机本身构成一台永磁发电机。水轮机转子直径3.5厘米，额定功率65千瓦。另外，该公司还设计了一台1兆瓦空心贯流式水轮机，其转子直径17厘米，额定功率为2.65米/秒。

美国绿色能源公司启动了RITE（Roosevelt Island Tidal Energy，罗斯福岛潮汐能）工程。工程在纽约东河中进行。2009~2012年，在东河中安装了30台水下潮流发电机组，能够向电网输送10兆瓦的电力。目前，公司又启动了CORE（Cornwall Ontario River Energy，安大略康沃尔潮汐能）项目，位于安大略湖，计划装机15兆瓦。

三、中国的专利技术

国家知识产权局网站检索出有关中国的海洋潮汐能专利已经有400件。

中国海洋潮汐能专利从1985年《中华人民共和国专利法》

实施以来总体发展呈上升趋势，进入21世纪之后，呈现快速增长趋势。大体可分为两个阶段：

（1）1985~2000年，16年来共申请专利60件，每年专利申请量平均在3~4件，为海洋潮汐能技术缓慢发展阶段。

我国潮汐能发电技术发展较早，与国外先进技术相比，我国仅在研造小型潮汐电站上有一定基础，而在研造大中型潮汐电站、先进发电机组和电站工程建造创新技术等方面与国际相比还有较大差距。

（2）从2001年至今，专利申请和公开量有了较快增长，尤其是2005年后，呈现井喷状态。由于化石能源的日益匮乏和节能减排、气候变化的压力，中国在国家科技支撑计划等重大专项的支持下，海洋潮汐能特别是潮流能开发利用技术取得了重要进展。

在所有的这些专利中，中国申请人申请量占82%，显示出了绝对优势，说明中国的潮汐能市场还未被国外垄断。所以，应当加紧研发并及时地进行知识产权保护。

其中，发明专利占67%，实用新型有119件，占33%，全部由国内申请。发明专利代表了较高水平的科技创新，标志技术的长期发展方向。中国潮汐能发明专利占67%，显示该领域的专利技术含量较高、技术密集度较大。

中国专利总量中授权、公开、无效的比例分别各占三分之一左右。这在一定程度上表明，中国申请人的专利现阶段成果闲置的比例高、技术产业化程度仍然较低。

这一方面反映了中国潮汐能的创新主体整体技术水平不高，核心、基础专利少，另一方面也说明创新主体对于已有专利权的维持与应用不够重视，大量发明专利的失效令前期投入难以再带

来任何收益，造成了资源的浪费。

总体上来讲，中国在潮汐能技术设备专利方面，和国外的水平相比，还没有太大的差距。但是在技术成果转化方面，中国仍然处在只重视技术，不重视应用的阶段。也就是说，在转化成成果方面，还有更长的路要走。

第四节　潮汐不能承受之处

大海的潮汐能极为丰富，涨潮和落潮的水位差越大，所有的能量越大，人们可以利用潮水涨落产生的水位差所有的热能进行发电。但是潮汐能发电属于新能源的范畴。在世界能源问题越来越紧迫的背景下，潮汐能有很光明的利用前景。

潮汐能虽然是一种丰富且具有很大利用价值的新能源，但目前对人们来说，在实践中还存在着诸多困难。

一、成本较高

从成本上来考虑，由于常规电站廉价电费的竞争，而且潮汐电站存在着工程艰巨、造价高、海水对水下设备有腐蚀作用等缺点，所以，经过综合经济比较，发现潮汐发电成本高于火电。所以，目前建成投产的商业性潮汐电站并不是很多。

据海洋科学家计算，世界上潮汐能发电的资源量约在 30 亿千瓦，这也是一个天文数字。潮汐能普查计算的方法是，首先选定适于建潮汐电站的站址，再计算这些地点可开发的发电装机容量，叠加起来即为估算的资源量。

其实，早在12世纪，人类就开始利用潮汐能。法国沿海的布列塔尼省就建起了“潮磨”，利用潮汐能代替人力推磨。

随着技术进步，潮汐发电成本的不断降低，进入21世纪，将不断会有大型现代潮汐电站建成使用。

1974年能源会议统计，全球海洋中所蕴藏的潮汐能约有30亿千瓦，可供开发的约占2%，即约6400万千瓦。

但是，仍有2亿人的用电需求得不到满足，发展中国家的用电量以每8年翻一番的速度在增长。在满足用电需求的同时，降低石油等非再生资源的消耗，减少环境污染，开发新型环保电站迫在眉睫。但是中国至今开发的潮汐能达不到可开发量的1‰，潮汐能作为一种清洁、可再生能源，巨大的开发潜力并没有给我们带来应有的价值。

海洋潮汐从地球的旋转中获得能量，并在吸收能量过程中使地球旋转减慢。但是这种地球旋转的减慢在人的一生中是几乎觉察不到的，而且也并不会由于潮汐能的开发利用而加快。

这种能量通过浅海区和海岸区的摩擦，以1.7太瓦（1太瓦等于10^{12}瓦）的速率消散。只有出现大潮，能量集中时，并且在地理条件适于建造潮汐电站的地方，从潮汐中提取能量才有可能。

虽然这样的场所并不是到处都有，但世界各国已选定了相当数量的适宜开发潮汐能的站址。

这些资源在沿海的分布是不均匀的，在中国，以福建和浙江为最多，站址分别为88处和73处，装机容量分别是1033万千瓦和891万千瓦，两省合计装机容量占全国总量的88.3%。

其次是长江口北支（属上海和江苏）和辽宁、广东，装机容量分别为70.4万千瓦和59.4万千瓦和57.3万千瓦，其他省区则较少，江苏沿海（长江口除外）最少，装机容量仅 0.11 万千瓦。

浙江、福建和长江口北支的潮汐能资源年发电量为 573.7 亿瓦时，如能将其全部开发，相当每年为这一地区提供 2000 多万吨标准煤。

潮汐能发电对于环境影响小，发电不排放废气废渣废水，属于洁净能源。潮汐发电的水库都是利用河口或海湾建成的，不占用耕地，也不像河川水电站或火电站那样要淹没或占用大面积土地。潮汐能发电不受洪水、枯水期等水文因素影响。潮汐电站的堤坝较低，容易建造。

二、技术尚不成熟

目前，人们想到的利用潮汐能的主要方式就是发电。但是，利用潮汐发电需要有两个物理条件完全具备：第一，潮汐的幅度必须足够大，至少要有几米的大潮，这样才能够有利用的价值。第二，必须有能够储蓄大量海水的海岸地形，并可进行相关的工程建设。

从工作原理方面讲，潮汐发电的工作原理与一般水力发电是相近的，即在河口或海湾筑一条大坝，造成面积巨大的水库，在拦海大坝里装上水轮发电机就可以发电了。

潮汐电站可以是单水库，也可以是双水库。单水库潮汐电站只筑一道堤坝和一个水库。涨潮时，海水就会进入水库。等到落潮时，就可以利用水库与海面之间形成的潮差来推动水轮发电机组。

但是这样的装置不能连续发电，因此又称为单水库单程式潮

汐电站。随着技术的发展，新近建设的单水库潮汐电站已经能够利用水库的特殊设计和水闸的作用，既可在涨潮时发电，又可在落潮时发电，达到了比较大的能源利用效率。这种电站称之为单水库双程式潮汐电站。往往为了使潮汐电站能够全日连续发电，人们一般就采用这种双水库的潮汐电站。

双水库的潮汐电站建有两个相邻的水库，水轮发电机组就安装在两个水库之间的隔坝内。一个水库在涨潮时进水，这个就叫作高水位库；另一个水库在落潮时泄水，这个就叫作低水位水库。这样，两个水库之间就会始终保持水位差，可以保证长时间发电。

另外，海水潮汐的水位差一般远远低于水电站的水位差，所以潮汐电站应采用低水头、大流量的水轮发电机组。目前全贯流式水轮发电机组由于其外形小、重量轻、管道短、效率高已为各潮汐电站广泛采用。

除了发电外，潮汐电站还有着广阔的综合利用价值，其中最大的用途是围海造田、增加土地，此外还可进行海产养殖及发展旅游。基于以上原因，大力发展潮汐电站还是可以一举多得的事情。

全世界的潮汐能储量极大，但是大部分还没有为人类所利用，潮汐电站直到今天也没有大规模地推广开。制约潮汐能发电的因素主要还是成本问题和技术问题。目前的技术尚不成熟、资金投入大于收益，因而使得潮汐开发变得不能承受。

在认识到潮汐能蕴藏量的巨大和潮汐能发电的许多优点后，人们还是一如既往地非常重视对潮汐能发电的研究和试验。相信这对海洋潮汐能的利用是一个好消息。

总之，潮汐能发电是一项潜力巨大的事业，经过多年的实践，在工作原理和总体构造上基本成型，可以进入大规模开发利用阶段，随着科技的不断进步和能源资源的日趋紧缺，潮汐能发电在不远的将来将有飞速的发展，潮汐能发电的前景是很广阔的。

第三章　波涛汹涌的力量——波浪能

海洋有多姿多彩的面容，有时是平静的美丽，有时又会波涛汹涌，气势磅礴。当海洋平静无波的时候，确实令人为之着迷。但是，波澜壮阔的美也是海洋的另一个方面，它充满了让人们敬服的力量。

俗话说：“无风不起浪。”这些波浪友善的时候，像是一个个可爱的海洋精灵，互相嬉闹。但它们也会突然间变得狂暴起来，波涛汹涌地咆哮着，卷起万根巨大的水柱，竖起千面坚硬的水墙，肆虐于万物之上。但人类还是勇敢地寻找着能够制服这些家伙，并把它们的能量转化成源源不断的电能，这就是来自波浪的力量——海洋波浪能。

波浪能具有能量密度高，分布面广等优点。它是一种最易于直接利用且可以再生的清洁能源。在能源消耗较大的冬季，可以利用的波浪能能量也最大。

第一节 翻滚吧，波浪

辽阔无垠的海洋上总是翻滚着美丽壮观的波浪，即使风平浪静的时候，海洋也会翻滚着无数的浪花，一波一波地涌向岸边，向人们展示着自己的威严与优雅。即使微微掀起的浪花，每朵浪花里也都有小小的能量，若将这些能量集中起来，就可以汇成更加强大的能量，甚至可以转化成电能，输送到世界各地。

海洋能是清洁的可再生能源，随着技术的发展，海洋能将逐渐成为能源供给的重要组成部分，而波浪能发电也将变得更加成熟。

一、波浪面面观

先来认识一下波浪。海水受海风的作用和气压变化等影响，促使它离开原来的平衡位置，而发生向上、向下、向前和向后方向运动的状态称为波浪。波浪是一种有规律的周期性的起伏运动。

当波浪涌上岸边时，由于海水深度愈来愈浅，下层水的上下运动受到了阻碍，受物体惯性的作用，海水的波浪一浪叠一浪，

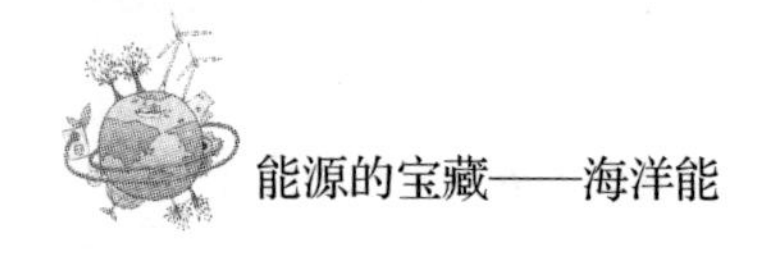

越涌越多，一浪高过一浪。

与此同时，随着水深的变浅，下层水的运动所受阻力越来越大，以至于到最后，它的运动速度慢于上层的运动速度。受惯性作用，波浪最高处向前倾倒，摔到海滩上，成为飞溅的浪花。

波浪是以动能形式表现的海洋能之一，波浪来源于空气和水表面温度的不一致，太阳的热量导致空气温度上升，而空气温度的上升创造了风。由海上的风推动海水，风与海面作用产生波浪，于是水面上的大小波浪交替，有规律地顺风“滚动”着。而水面下的波浪随风力不同做直径不同、转速不同的圆周运动。但是在波浪中的物体并不随着波浪移动，而是上下振动。虽然大多数水分子还都停留在原位置，但波浪却前进了。

波浪的类型也很多，其中毛细波、重力波、惯性波和行星波是四种基本类型。

毛细波是指比较细小的波浪，它的波浪不会很高，但其频率最高。一个波浪完成的时间周期很短，不到 1 秒钟，因为它的恢复力为海水中的表面张力。

随着频率的减小，重力逐渐成为主要的恢复力，这时的波浪被称为重力波。重力波是由于海水本身具有的重力而引起的波浪，它具有很宽的频率范围。

频率较高的，也是最常见的重力波，是风浪和涌浪，周期通常为 0~1 秒。风力是波浪的主要成因，由风力直接作用产生的波浪称为风浪，风浪离开风区向远处传播便形成涌浪。

风浪到浅水区，受海水深度变化的影响比较大，出现折射，使得波面不再完整，而是出现破碎，此时称为近岸波，习惯上把风浪、涌浪及近岸波合称为海浪。

除了风力以外，地震也能引起地震波，这种波传到岸上时，波高迅速增大，会形成灾害性的海啸，这种海浪呼啸而来，给沿海地区带来可怕的灾难。

同时，潮波也是一种长周期的重力波，不过它是在引潮力作用下出现的一种波。

另外，海洋中还有惯性波，是由地转偏向力作为恢复力而引起的波。还有一种周期更长的波是由于地转偏向力随纬度的变化作用力引起的行星波。

所以说，海洋中“无风也三尺浪”。风只是波浪的主要成因之一，还存在着很多其他的作用力可以使海水振荡起来形成波浪。

人们更喜欢看的可能是巨浪，巨浪往往是强风吹动海水的结果。巨浪的能量比较大，可能以峰谷间垂直高达 12~15 米的圆形涌浪形态在开阔大洋上传播数千千米。

迄今观测到的最长的涌浪的波长（相邻波峰之间的水平距离）为 1130 米，波高 21 米，这是 1961 年“贝齐”号在飓风期间一架自动波浪记录仪于西大西洋中观测到的。

但是，当波浪传播到浅水时，其波峰便变陡、卷曲，然后破碎（这时称为碎波），结果大量的碎波成为上爬浪，整体冲上海滩。然后，水又作为回流沿海滩斜坡流回。一方面，水对着海岸聚积起来，另一方面，又有称为底流的下层流予以抵消，下层流在海底附近从滨岸流回，或者在这里局部成为裂流。

波浪由风推向滨岸，其高度以及由此获得的能量取决于风的强度和风在开阔水域吹过的距离，这就是吹程。

暴风浪具有特别的重要性。暴风浪是吹程相当大的特殊大风的产物。它们在一天里对海岸线的作用可能比普通盛行波浪在数周相对平静的天气里作用明显。暴风浪最容易造成破坏性的后果。

由于它们频繁出现，一浪很快地紧接着一浪，频率约为1分钟12~14次，由于当波浪破碎时，水几乎垂直地冲击下来，因而回流比上爬强有力得多，因此，这些破坏性波浪倾向于“梳”下海滩。

暴风浪对海岸线的作用在高潮时极为显著，因为它们的力量作用于较高的海滩或悬崖面上。例如，冬季的大西洋波浪对爱尔兰西岸的平均压力，差不多为每平方米11000千克，而在大风暴期间，压力可达3倍于此。

二、惊涛骇浪与海啸

波浪的破坏力大得惊人。扑岸巨浪曾将几十吨的巨石抛到20米高处，也曾把万吨轮船举上海岸。海浪曾把护岸的两三千吨重的钢筋混凝土构件翻转。许多海港工程，如防浪堤、码头、港池，都是按防浪标准设计的。

在雄伟广阔的海洋中，即使再大的船也只是同陆地上的小蝼蚁一般。而且，海洋中的凶猛澎湃的波浪，可以轻易倾覆一切船只，甚至可以残忍地把船只轻易折断。

在船只航行中，假如波浪的波长正好等于船的长度，当波峰在船中间时，船首船尾正好是波谷，此时船就会发生“中拱”。当波峰在船头、船尾时，中间是波谷，此时船就会发生“中垂”。一拱一垂就像折铁条那样，几下子便把巨轮拦腰折断。

海洋上除了海浪之外，还有更加可怕的海啸。海啸一般是由水下地震、火山爆发、水下坍塌或滑坡等激起的巨浪在涌向海湾或者海港内时形成的具有巨大的破坏作用的巨浪。

1923年9月1日著名的日本关东大地震发生时，横滨就受到过巨大海浪的冲击，几百座房屋被带进了海里。事后发现，那里附近的海底不仅断裂开来，而且有巨大的移动，隆起与下陷的部分高度相差达270米。

1946年4月1日凌晨，夏威夷群岛万籁俱寂。突然，平静的海岸被咆哮着的巨大波浪吞没，惊醒了沉浸在梦乡的人们。

虽然几分钟后，吞没海岸的波浪迅猛地退了下去。但10多分钟后，波浪突然以更凶猛的势头再一次猛扑上岸，惊慌的人们清楚地看到一面坚实、高大的“水墙”正快速地向前推进。

凶猛的波浪推动着“水墙”，反复地向海岸撞击了三个小时后，大海才恢复了平静。

这次海啸给夏威夷带来深重的灾难，使163人死亡，大批房屋倒塌，海水深入内陆1千米以上，海港中停泊的一艘17000吨游轮被抛到岸上，一块重约13吨的石头被抛到20米以上的高空。估计经济损失达2500万美元。这次海啸是相距数千千米的阿留申海域海底地震爆发引起的，海啸波每小时推进约820千米，到群岛沿岸浪高达8米。

1960年5月，南美洲智利沿海海底爆发了多次强烈的地震，从而引起了一次震惊世界的海啸。这次海啸，在智利沿岸抛起10米高的波浪，使南部320千米长的海岸遭难。

海啸还以每小时700千米的惊人速度，用不到一天的时间传到太平洋的西岸。致使日本群岛的东海沿岸遭受严重破坏。在海啸浪涛的袭击下，共有1000多户房屋被卷走，2万公顷土地被淹没，有的海船被掀到了岸上。

1995年，“玛丽王后”2号游轮被29米高的海洋波浪，所

幸无人伤亡。1994 年 9 月 28 日，瑞典客轮“爱沙尼亚”号（21794 吨）在波罗的海恶劣的天气下被海浪掀翻覆没，852 人罹难。

凶猛的海啸会在大海中产生无数个破坏性巨大的波浪，也会产生波高达到数十米，而且威力巨大的“水墙”。迄今为止，海啸基本上席卷过绝大多数临海国家，给人类带来过巨大的伤痛。

目前，人们发现的世界上最高的海啸，是在美国阿拉斯加州东南的瓦尔迪兹海面上由地震引起的海啸，浪高达 67 米，大约相当于 20 层楼之高。

造成海啸最主要的原因是海底地壳发生了断裂，有的地方下陷，有的地方上升，引起强烈的震动，产生出波长特别长的巨大波浪，传到岸边或海港时，使水位暴涨，冲向陆地，产生巨大的破坏作用。

海浪预报是根据影响海浪的生成、发展和消衰的各种条件，结合海浪的基本状态进行计算而得出的。比如说，海啸波的传播速度比海啸浪的前进速度快得多，人们便可以依据监测到的海啸波的情况作出判断和预报。

目前，海浪预报尚不十分完善，但是尽管如此，人们借助于已有的监测手段，已经能够在很大程度上减少海啸带来的危害。

第二节　反复的海洋心

波涛起伏的大海，一刻也不停息地在运动。在1平方千米的海面上，波浪运动每秒钟就有20万千瓦的能量。因此，波浪能也是一种海洋能源。

自人类意识到波浪能的价值后，科学家和一些能源公司就反复思考、研究利用这种清洁能源的方法。

利用波浪能发电有多种形式，有的利用波的上下波动，有的利用波的横向运动，有的利用由波产生的水中压力变化，等等。但是波浪能分布比较分散，利用率低，能源比较不稳定。因此，人类要想利用波浪能，就要摸清波浪的“脾气”，抓住海洋反复不定的心。

一、波浪能与低碳梦

如何将波浪的动能转化为电能，使制造灾难的惊涛骇浪为人类服务，是人们多年来梦寐以求的理想。两个多世纪以来，发明家一直在寻求一种利用波浪发电的方法。

就目前的研究和发展而言，波浪能利用的主要方式是发电。

波浪能发电就是将波浪能收集起来并转换成电能或其他形式能量的波能装置。波浪能发电装置五花八门，不拘一格，有点头鸭式、波面筏式、波力发电船式、环礁式、整流器式、海蚌式、软袋式、振荡水柱式、多共振荡水柱式、波流式、摆式、结合防波堤的振荡水柱式、收缩水道式等十余种。

1799 年，一对法国父子曾经为一种可以附在漂浮船只上的巨大杠杆申请专利，它可以随海浪一起波动来驱动岸边的水泵和发电机。但当时蒸汽动力进步得比较快，大大吸引了人们的注意力，然后这个想法就渐渐淡出了人们的视野，最后只留迹在图纸上了。

两个世纪前，油料禁运又重新激起了人们利用海浪发电的想法，但人们最后还是因为油价下滑，又把这个想法束之高阁了。

1910 年，法国人布索白拉塞克在其海滨住宅附近建了一座气动式波浪发电站，供应其住宅 1000 瓦的电力。

1960 年，日本研制成功了用于航标灯浮体上的气动式波力发电装置。此种装置已经投入批量生产，产品额定功率为 60~500 瓦。产品除日本自用外，还出口，成为仅有的少数商品化波能装备之一。该产品发电的原理就像一个倒置的打气筒，靠波浪上下往复运动的力量吸、压空气，推动涡轮机发电。

1964 年，日本研制成功了第一个海浪发电装置——航标灯。虽然它的发电能力仅有 60 瓦，然而它却开创了人类利用波浪能发电的新纪元。

20 世纪 70 年代末，日本进行了海上波浪能发电试验，并研制成了一种大型发电船。它能发出 100~150 千瓦的电能，而且具有远离海岸的电力传输装置。这艘发电船通常停泊在离岸 3000 米的海上，船长 80 米，宽 12 米，总重 500 吨，停泊海域的水深为 42 米，在船的内室里，安装着波浪能发电装置。

20 世纪 90 年代初，英国也在苏格兰建成了一座发电能力为 75 千瓦的海浪发电站。成为继挪威、日本之后利用海浪发电的第三个国家。目前，世界上已有几百台海浪发电装置处在运行状态，但它们的发电能力都比较小。

其实，早在 1854~1973 年的 119 年间，英国登记了波浪能发明专利 340 项，美国为 61 项。在法国则可查到有关波浪能利用技术的 600 种说明书。

早期海洋波浪能发电付诸使用的是气动式波力装置。道理很简单，就是利用波浪上下起伏的力量，通过压缩空气，推动汲筒中的活塞往复运动而做功。

20 世纪 80 年代以后，波浪能研究不再单纯追求转换效率，而更加注重实用性，一大批简单、可靠的技术，如收缩波道、振荡水柱式等技术，受到了研究者的重视。

此阶段的技术以岸基式为主。近年来，岸基式波浪能发电技术发展相对缓慢，而离岸式、模块化渐渐成为主流发展方向。英国的“海蛇”筏式波浪能装置、“牡蛎”摆式波浪能装置与美国的“发电浮标”点吸收式波浪能装置，目前最具代表性。

波浪能利用装置大都源于几种基本原理，即：利用物体在波浪作用下的振荡和摇摆运动，利用波浪压力的变化，利用波浪的沿岸爬升将波浪能转换成水的势能等。

此外，波浪能还可以用于抽水，作为新能源开发利用。利用波浪产生的上、下浮力波进行发电的抽水装置专利已有人发明，该装置包括主浮箱、动力浮箱、杠杆、半圆齿轮、棘轮、传动轴、换向变速箱和发电机。

齿轮式波浪发电装置的传动装置位于主浮箱上，主浮箱两侧

分布多杠杆的动力臂固定在主浮箱两边的支撑点固定架上，杠杆的阻力臂尾部与传动装置上半圆齿轮相互连接固定，通过动力浮箱换向变速箱工作，输出高效的旋转动力带动发电机发电。

该齿轮式波浪发电装置结构简单，制作维护成本低，经久耐用，不怕风吹雨打，发电效率高，运行安全可靠。其可串联或并联安装，规模可大可小，能充分利用海浪的动能和势能，将其转换成绿色环保的便于人类使用的电能。

波浪能还可以用于供热，这方面的想法缘于世界范围内的温室气体排放引起全球气候变暖，国际社会对此广泛关注。在经济快速增长的背后，世界各国都出现了资源支撑不住，环境容纳不下，社会承受不起，经济发展难以为继的困难，都加强了节能减排工作，倡导低碳生活。

煤炭的开采会造成环境污染，导致环境灾难。开采煤炭会造成地表沉陷，破坏地面的工程设施，大量占用和破坏耕地，影响生态平衡。采煤和煤炭洗选过程中均要产生大量废水，它们污染地表水和地下水，淤塞河道，影响农田农业生产。在矿井生产系统和选煤厂破碎、筛选、转载及储运过程中，还产生大量的煤尘。这些煤尘不仅影响矿工及周围居民的身体健康，污染大气，而且也损失燃料。

另外，石油的利用过程也不是清洁的。石油污染最主要表现在对海水的污染。每年直接或间接进入海洋中的石油和石油产品总量约达 1 亿吨，石油进入海水后会形成极薄的一层油膜，阻碍海水的正常蒸发，影响气候，危及海水中的水生物，也会污染海滩。

众所周知，在中国的北方地区，到了寒冷的冬天，传统的取暖供热方式就是燃烧大量的煤炭等不可再生资源用于锅炉供暖。

一提到这种传统的燃煤汽锅，人们顿时就会联想到高高的烟囱、滚滚的黑烟……这些都是“大投资、大管网”的大集外模式，形成了扶植投资庞大，节能减排程度不高，管网过长损耗严峻，供热调度不灵，收缴费用艰苦等诸多短处。针对这种情况，人们想到了利用波浪能供暖。目前，已有利用波浪能改造开发的波浪供热系统，为节约资源、保护环境开辟了新的能源途径。

波浪能还可以用于海水淡化。通过高效地吸收波浪能，直接利用波浪能转化的液压能进行海水预处理及淡化功能的专利已经问世。

二、不稳定的波浪能

21 世纪是海洋的世纪，人类从大海中利用资源已成为必然趋势。但是，波浪能自身的特点决定了它是海洋能源中能量最不稳定的一种能源。因此，波浪能的开发和利用是一个涵盖多学科的综合性问题，涉及机械设计与制造、计算机模拟、空气动力学、流体力学、数学模型、海洋科学等各个领域。

研究波浪能的动力开发首先要研究波浪产生的实质和运动的规律，即采用动力学和统计学的原理及方法进行系统的研究。

波浪能属于机械能，容易通过小型波浪能量转换装置实现电能与人类需要的机械能的转换，而目前的研究进展主要是波浪能发电，人们希望在将来用它作为清洁能源替代石油等传统的资源。

波浪能发电是通过波浪能装置将波浪能首先转换为机械能(液压能)，然后再转换成电能。与潮汐电站相比，波浪能发电对生态环境没有负影响，因此更引起了人们的兴趣。

特别是自20世纪70年代世界石油危机以来，许多海洋国家不断投入力量开展波浪能开发利用的研究，取得了较大的进展。据估计全世界可开发利用的波浪能达2.5太瓦。中国沿海有效波高约为2~3米、周期为9秒的波列，波浪功率可达17~39千瓦/米，渤海湾更高达42千瓦/米。

大家知道，虽然海洋波浪能如此巨大，但作为一种影响因素很多的能量形式，它也是海洋能源中能量最不稳定的一种能源。波浪能的不稳定和其他因素也有关系。

就像人们常说的“无风不起浪”，因此波浪能主要与风有关。南半球和北半球40°~60°纬度间的风力最强，因此这个区域的波浪能最为丰富。

当然，在地球的信风区（也就是赤道两侧30°之内）的低速风也会产生很有吸引力的波浪，因为这里的低速风比较有规律。在盛风区和长风区的沿海，波浪能的密度一般都很高。

例如，英国沿海、美国西部沿海和新西兰南部沿海等都是风区，有着特别好的波候，欧洲北海地区波浪能也比较丰富，其年平均波浪功率也仅为20~40千瓦/米^2。中国海岸大部分的年平均波浪功率密度为2~7千瓦/米^2。

中国的浙江、福建、广东和台湾沿海为波能丰富的地区。根据调查和利用波浪观测资料计算统计，中国沿岸波浪能资源理论平均功率为1285.22万千瓦，这些资源在沿岸的分布很不均匀。以台湾省沿岸最为丰富，为429万千瓦，占全国总量的三分之一。其次是浙江、广东、福建和山东沿岸，在160万~205万千瓦，约占全国总量的55%，其他省市沿岸则很少，仅在56万~143万千瓦。广西沿岸最少，仅8.1万千瓦。

总体上，全国沿岸波浪能源密度分布情况是，浙江中部、台湾、福建海坛岛以北较高，渤海海峡为最高。这些海区平均波高大于 1 米，周期多大于 5 秒，是中国沿岸波浪能的能流密度较高、资源蕴藏量最丰富的海域。其他地区波浪能的能流密度较低，资源蕴藏也较少。

根据波浪能的能流密度及其变化和开发利用的自然环境条件，首选浙江、福建沿岸为重点开发利用地区，其次是广东东部、长江口和山东半岛南岸中段。也可以选择条件较好的地区，如嵊山岛、南麂岛、大戢山、云澳、表角、遮浪等处，这些地区具有能量密度高、季节变化小、平均潮差小、近岸水较深、均为基岩海岸，具有岸滩较窄、坡度较大等优越条件，是波浪能源开发利用的理想地点，应作为优先开发的地区。

第三节　驾驭海洋，盖世神功

人类为了驾驭海洋，获得更多新能源，不得不苦心钻研、修炼以驾驭海洋的“盖世神功”。在100多年的研究过程中，各国科学家先后提出了300多种设想，发明了各种各样的发电装置。目前，关于波浪能转换的各种专利已超过1500项。但这些装置普遍存在发电功率小、发电品质差、单机容量在千瓦级以下等缺陷。因而波浪发电技术仍未达到普及应用的水准。只有一些技术先进的国家建成了少量电站。在利用海浪能发电的路上，人们要克服的困难还很多，但是有理由相信，随着技术的进步，距离人们更大规模利用海浪能发电的日子已经不远。

一、世界首座波浪能电站

波浪发电是继潮汐发电之后发展最快的海洋能源利用形式，到目前为止，世界上已有日本、英国、爱尔兰、挪威、西班牙、葡萄牙、瑞典、丹麦、印度、美国等国家相继在海上建立了波浪发电装置。其中，葡萄牙制造的世界首座波浪能电站最具代表性。

3根大约140米长的“红色海蛇”连接在葡萄牙北面海床处

的圆柱形波浪能转换器上，通过这个装置，海洋里的波浪能将会被转化为电能，然后通过海底电缆中转站，最终并入电网。

这个波浪能转换器会产生 2.2 兆瓦的电能，能够满足 1500 个家庭的用电需求。这项工程花费了约 900 万，最终目标是产生 21 兆瓦的电能，葡萄牙政府为此专门制定了“国家强制光伏上网电价”的政策，以便对波浪能发电等项目予以政策支持，因此，波浪能发电站的积极支持者坚信波浪能是大有开发前途的。

当今世界，油价飞涨，波浪能发电从技术上来说逐渐成熟，因此有可能最终达到商业化运作的目标。

二、波浪能发电，就在明天

波浪能是一种储量巨大的可再生清洁能源。尤其是在能源消耗较大的冬季，利用波浪能发的电或者利用能量转换装置进行取暖，可以节约煤炭资源，而且干净清洁。小功率的波浪能发电装备，已在导航浮标、灯塔等获得推广应用。

相对于其他能源来说，波浪能是可再生的，发电过程中不消耗任何其他资源，也不产生任何污染源。

波浪比风能能量更集中，波浪也会比风更有力量，因为水的密度是空气的 832 倍。当波浪开始向前移动时，能量比风要大得多。海浪和潮汐提供的能量比风有其他方面的优势。因此，各个技术先进的国家十分重视波浪能开发技术。目前各国的波浪能研究人员已从数十种波浪能提取技术中，筛选出十几种较有发展前景的技术。目前，小型波浪发电装置已经商品化，大型波浪发电

装置也已在研究开发中不断完善，为人类在21世纪大规模开发利用海洋波浪能打下了坚实的技术基础。

波浪发电的原理是：将波浪或浪涛造成的海面上下波动转换成气压，然后，利用气压的力量来推动涡轮机发电。第一台波浪发电机组是1965年投入使用的，它用于为大阪湾海面上的浮灯标供电。英国和日本是在波浪能研究方面十分活跃的国家。除此之外，美国、瑞典、挪威、加拿大、澳大利亚、印度等也都在波浪能研究方面取得了可喜成绩。目前世界上已有约20座波浪能电站投入运行，还有一些正在试验中。

英国曾计划在苏格兰外海波浪场大规模布设“点头鸭”式波浪发电装置，供应当时全英国所需电力。这个雄心勃勃的计划后因装置结构过于庞大复杂、成本过高而暂时搁置。

众所周知，日本是个岛国，国土狭小，资源匮乏，但日本政府和民间产业界充分利用本国的地理环境条件，大力开发和应用海洋新能源、新技术。从装置的设计到实际功能，日本人用自己的智慧不断地开发着新的能源，并已取得了举世瞩目的成就。

早在20世纪80年代，日本“海明”波浪发电试验船取得年发电19万千瓦时的良好成绩，实现了海上浮体波浪电站向陆地小规模送电。现在，日本已将“海明”波浪发电船列为“离岛电源”的首选方案，继续研究改进。

另外，日本海上保安厅从20世纪50年代初就着手对自然能源的研究开发。作为海上交通航路标记的灯塔、灯标及浮在海上的浮灯标等，很多都是建在孤岛和岩礁上的，需要有独自的电力供应。经过长时间的研究和实践，作为世界上最早使用波浪能发电机的一个国家，日本的航标灯和灯塔上的波力发电机已经实用化了。

根据有关资料，日本沿海有约5500处航路标记，现在，其中约3000处航路标记在利用自然能源。利用自然能源的航路标记设施最终要达到80%。

在“以海洋能源来保护大海的安全”的宗旨下，日本海上保安厅还引进了使用潮流发电的浮灯标。

为了保证更加稳定的电力供应，海上保安厅正在研究太阳能发电与波浪发电的并用。夏季经常是阳光强烈但海面平静，这时就以太阳能发电为主。而冬季，因天气阴沉且海涛汹涌的日子较多，所以则以波浪发电为主。

中国波浪发电研究始于20世纪70年代末。当时，上海、青岛、广州和北京的五六家研究单位开展了此项研究，到了20世纪80年代获得了较快发展，用于航标灯的波力发电装置也已投入批量生产，现已在沿岸海域航标和大型灯船上推广应用。与日本合作研制的后弯管型浮标发电装置，技术方面处于国际领先水平。中国还在珠江口大万山岛上研建了岸边固定式波力电站。

另外，中国的岸式波力试验电站可与柴油发电机组并网运行，向海岛供电。

中国政府投入经费435万，由中国科学院广州能源研究所研制一座波浪能独立发电系统。该系统由一个振荡水柱装置和一个振荡浮子装置俘获波浪能，通过具有能量缓冲器的液压系统，波浪能被转换成稳定的液压能，用于发电、海水淡化和制冰。

中国科学家在实验室成功地将平均功率8千瓦、波动值为8千瓦的不稳定的液压能转换为稳定的电能。后来，又成功地实现了把不稳定的波浪能转化为稳定电能。该系统将提供用户可直接使用的稳定电力，多余能量将用于制淡水和制冰。

总体上讲，中国波浪发电研究虽起步较晚，但发展较快，微

型波力发电技术已经成熟，发电装置已商品化，小型岸式波力发电技术也已进入世界先进行列。

有关专家估计，用于海上航标和孤岛供电的波浪发电设备有数十亿美元的市场需求。这一估计大大促进了一些国家波力发电的研究。

波浪能的开发利用将具有很广泛的应用价值，目前的海浪发电的装置可为海水养殖场、海上灯船、海上孤岛、海上气象浮标、石油平台等提供能源，还可以并入城市电网提供工业或民用的能源。

世界上较早的将波浪发电并入电网的国家是英国，早在1985年，英国在苏格兰的艾莱岛开始建造一座75千瓦的振荡水柱波力电站，1991年建成，并入当地电网，这是人们对于波浪发电装置并网的一次很有意义的尝试性做法。

波浪能技术目前还处于发散状态，各种技术向不同方向发展，但发展趋势是不断地向高效率、高可靠性、低造价等进行，以形成低成本的成熟技术，最后通过规模化生产和应用，可大幅度降低发电成本。

波浪能发电还需要技术的完善。波浪能开发利用的关键是在降低发电成本的同时，提高发电的稳定性，发展波浪能独立发电系统，使用户直接使用波浪能。

波浪能的能流密度高、储量巨大且分布广泛，是未来海洋能利用发展的主要方向，在海洋开发和海防方面将起到关键作用。通过进行波浪能转换过程的研究，进一步提高波浪能装置的转换效率以及可靠性，是波浪能利用技术发展的关键。

值得说明的是，波浪发电设备还可以充作其他的用途。若在海岸边排列几艘大型的波浪能发电装置，不仅可利用波浪发电，而且还可将它们当作防波堤，起消波作用。

然而，海洋波浪能属于低品位能源。在自然状态下，由于大部分波浪运动没有周期性，故很难经济地开发利用。因此，以波浪为动力的装置一般都能够增大与波浪高度有关的水位差。或者对波浪的幅度和频率有广泛的适应性。或者既能适应小的波浪，又能承受大风暴引起的滔天巨浪。

到目前为止，人们从海洋波浪中吸取能量的方法通常有以下三种：利用前推后拥波浪的垂直涨落来推动水轮机或空气涡轮机；用凸轮或叶轮利用波浪的来回或起伏运动推动涡轮机；利用汹涌澎湃的波浪冲力把海水先汇聚到蓄水柜或高位水槽中，再推动水轮机，在这个过程中，即可利用相应的装置把波浪能转变成电能。

人类通过各种手段解决了技术问题后，驾驭海洋的梦想就快要变成现实了，相信在不久的将来，大海上翻滚的可能不再只有雪白的浪花，还有无数日夜工作的波浪能发电装置，源源不绝地把每一分能量收集起来，汇集成强大的电流，照亮无数的城市和乡村。

第四章　最不可思议——海流能

海流又被称为洋流（由于语言使用习惯的问题，本书保留了两种说法），主要由海水的热辐射、蒸发、降水、冷缩等原因而形成密度不同的水团，再加上风应力、地转偏向力、引潮力等作用而大规模相对稳定的流动，它是海水的普遍运动形式之一。

海洋里有着许多海流，每条海流终年沿着比较固定的路线流动。海流除了像是一辆“免费的公交车”，还像是人体中的血液循环一样，把整个世界大洋联系在一起，使整个世界大洋得以保持其各种水文、化学要素的长期相对稳定。“免费的公交车”既然免费，自然没有不利用的道理。海流能，也是海洋能源中闪亮的一颗星。

第一节　海水中的秘密

海水并不是静止不流动的，而是不停运动的。人们把海洋中的海水按一定方向有规律地从一个海区向另一个海区流动称为“洋流”，也叫“海流”。除了人们可以看到的一些景象以外，海水中还隐藏着许多不为人知的秘密。其中，承载物体漂洋过海的海流，就是海洋在广阔的洋面下隐含的奇异的能量之流。

一、海流涌动

海流大部分是海底水道和海峡中较为稳定的流动以及由于潮汐导致的有规律的海水流动。其中一种是海水环流，是指大量的海水从一个海域长距离地流向另一个海域。

海流形成的原因很多，但归纳起来不外乎两种。

第一种原因是海面上的风力驱动，形成风生海流，就是通常讲的风“玩”的把戏。由于海水运动中黏滞性对动量的消耗，这种流动随深度的增大而减弱，直至小到可以忽略，其所涉及的深度通常只为几百米，相对于几千米深的大洋而言是一薄层。

盛行风在海洋表面吹过时，风对海面的摩擦力及风对波浪迎

风面施加的风压，迫使海水顺着风的方向在浩瀚的海洋里作长距离的远征，这样形成的洋流称为风海流。

表面海水的流动，由摩擦力带动了下层海水也发生流动。由于自上而下的层层牵引，深层海水也可以流动。只是流速受摩擦力的影响越来越小。到达某一深度时，流速只有表面流速的4.3%左右。这个深度就是风海流向深层水域影响的下限，称为风海流的摩擦深度。大洋中，风海流的摩擦深度一般在200~300米深处。

第二种原因是海水的温盐变化。因为海水密度的分布与变化直接受温度、盐度的支配，而密度的分布又决定了海洋压力场的结构。

实际上，海洋中的等压面往往是倾斜的，即：等压面与等势面并不一致，这就在水平方向上产生了一种引起海水流动的力，从而导致了海流的形成。

此外，地球的自转、大陆轮廓和岛屿的分布、海底的起伏、季节的变化和江河入海的水量等，也对洋流的形成与分布产生不小的影响。

海水具有连续性和不可压缩性，一个海区的海水流出，相邻海区的海水就要来补充，这样形成的洋流称为补偿流，补偿流既有水平方向的，也有垂直方向的。例如，在离岸风的长期吹送下，表层海水离开海岸，相邻海区的海水就会流到这个海区，形成水平方向上的补偿流。

同时，下层海水也上升到海面，来补偿离岸流去的海水，形成垂直方向上的上升流。上升流在大陆的西海岸比较明显，秘鲁和智利海岸、加利福尼亚海岸、非洲的西南和西北海岸都有分布。

洋流在表层流动遇到海岸或岛屿时，不仅在水平方向上发生分流，而且在垂直方向上产生下降流和底层流。

补偿流常常配合风海流和密度流，形成大洋表层巨大的环流。海洋上，洋流的形成往往是多方面因素综合作用形成的，上面分成的几种类型，有时是很难严格地加以区别的。

根据洋流的温度，可以分为性质不同的暖流和寒流。洋流的水温比流经海区水温高的称为暖流，水温比流经海区水温低的称为寒流。

暖流大多发源于低纬海区，从较低纬度流向较高纬度，一般水温较高，盐度较大，含氧量较低，浮游生物的数量较少，海水透明度较大，水色大多发蓝。

寒流大多发源于高纬海区，从较高纬度流向较低纬度，一般水温较低，盐度较小，含氧量较高，浮游生物数量较多，海水透明度较小，水色多呈暗绿色。通常，在北半球，由南向北流的是暖流，从北向南流的是寒流，南半球则正好相反。

此外，根据海洋的垂直分布状况，还可以分为表层洋流和深层洋流。根据洋流流向流速的变化大小，还可以分为稳定流和非稳定流，一般说的洋流，大多是指稳定流。

海流的速度通常为每小时 1~2 海里，有些可达到 4~5 海里。海流的速度一般在海洋表面比较大，而随着深度的增加则很快减小。

风力的大小和海水密度不同是产生海流的主要原因。由定向风持续地吹拂海面所引起的海流称为风海流。而由于海水密度不同所产生的海流称为密度流。归根结底，这两种海流的能量都来源于太阳的辐射能。

海流还可分为漂流、地转流、潮流、补偿流、河川泄流、裂流、顺岸流、密度流等。

和河流一样，海流也蕴藏着巨大的动能，它在流动中有很大的冲击力和潜能，因而也可以用来发电。

海流能是指海水流动的动能，主要是指海底水道和海峡中较为稳定的流动以及由于潮汐导致的有规律的海水流动所产生的能量，是另一种以动能形态出现的海洋能。

海流能的能量与流速的平方和流量成正比。相对波浪而言，海流能的变化要平稳且有规律得多。潮流能随潮汐的涨落每天两次改变大小和方向。一般来说，最大流速在 2 米/秒以上的水道，其海流能均有实际开发的价值。

二、海流的功与过

如果没有海流，整个海洋就是一个巨大的死水潭。正是因为有了海流的大规模流动，携带着营养物质和各种海洋生物，海洋的四处才充满生机。总的来说，海流对气候、海洋交通、海洋生物、海洋沉积和海洋环境等方面都有巨大的影响，其中有“功劳”也有“过失”。

海流对气候的影响很大，它不仅使沿途气温增高或降低，延长或缩短暖季或寒季的持续时间，而且能够影响降水量的多少和季节分配。

北太平洋西部的黑潮暖流，尽管没有贴近亚洲大陆边缘流动，但对我国的气候却有明显的影响，有这样几件事引人深思：

1953 年，黑潮的平均位置向南移动了大约 170 千米。第二年，中国的江淮地区雨水滂沱，出现了百年未见的水灾。

1957 年和 1958 年，黑潮的平均位置又较之往年北移了，结果在 1958 年，中国的长江流域梅雨期间降水减少发生旱灾，而华北地区大雨倾盆形成水灾。

一些科学工作者研究了黑潮变动与旱涝灾害的相互关系，发现中国东部沿海地区的气候受黑潮暖流的影响很大。

海流还可以影响海洋生物资源的分布。在寒、暖流交汇的海区，海水受到扰动，可把下层丰富的营养盐类带到表层，使浮游生物大量繁殖，各种鱼类到此觅食。同时，两种海流汇合可以形成“潮锋”，是鱼类游动的障壁，鱼群集中，形成渔场。在有明显上升流的海域，也能形成渔场。

此外，海流的散播作用，是对海洋最直接和最重要的影响，它能散布生物的孢子、卵、幼体和许多成长了的个体，从而影响海洋生物的地理分布。

一个相关的例子就是——鳗鲡，生活在欧洲河流和湖泊中的一种鱼类，体型圆长，又黏又滑，样子似蛇。

人们发现，它们虽然生活在淡水中，可秋季完全成熟以后，就成群结队地离开淡水到大洋中产卵，繁殖后代鱼群游向大海的意志非常坚决。当沙洲挡住去路时，它们会趁黑夜跃上河岸，在洒满露水珠的草地上滑行，绕过障碍重新跃入水中，继续勇敢地向前游去。

人们又发现，每年春季，仅长 6~7 厘米的小鳗鲡，又成千上万地从欧洲沿海涌入河川之中生活。几个世纪以来，关于鳗鲡到哪里产卵，小鳗鲡又怎样游回河湖之中，一直是个费解的谜。

20 世纪初，有人在地中海发现了一种透明的叶片状小鱼，经研究是鳗鲡的仔鱼。根据这个线索，海洋生物学家从 1904 年开始，进行了长期的调查工作。

他们在北大西洋不同地点采集了数百个浮游生物的样品，发

现鳗鲡仔鱼的个体自东向西逐渐变小，到百慕大岛的东南方海域，个体长度还不足 1 厘米，这就是鳗鲡洄游 4000~5000 千米而集中“生儿育女”的场所。

刚孵化出来的幼鳗又必须从降生地开始，游经遥远的路程，到欧洲大陆的淡水中生长。这种游泳能力很弱的幼鳗，很难靠自己的力量完成漫长的游程。经过系统的研究，人们发现，北大西洋有一股暖流缓缓向东流去，而幼鳗就是借助这股海流，游过半个地球的距离。大约经过 3 年左右的时间，幼鳗到达欧洲沿岸。此时，幼鳗已发育成小鳗，于是进入河川栖息。

在淡水中生活 5~8 年以后的鳗鲡，又要奔向新的征程，再游到海洋中产卵。可见，强大的湾流系统已成为欧洲鳗鲡生活周期不可缺少的条件。

海流对海洋航运也有显著的影响。一般来说，顺着海流航行的海轮，要比逆着海流行进的海轮速度明显加快。

例如，1492 年，哥伦布第一次横渡大西洋到美洲，用了 37 天才到达大洋彼岸。1493 年，哥伦布再次作环球旅行，从欧洲出发后，他先向南航行了 10 个纬度，然后再向西横渡大西洋。结果，只用了 20 天就完成了横渡的全部航程，其实是海流帮了他的大忙。

原来，第一次航行时，哥伦布的船队是从加那利群岛出发，逆着北大西洋暖流航行的。所以，航速较慢。第二次航行时，先是顺着加那利寒流向南航行，然后又顺着北赤道海流一直向西。同时，哥伦布船队远航时，正好偶然进入了盛行的东北信风带，顺水顺风，速度自然比较快。

人们认识和掌握了海流的特点，可以把海流运行的规律应用到航运上，从而节约航运时间，缩短运转周期，节约燃料和减少不必要的海上事故。潜艇还可以利用表层和深层海流潜航。

当然，有的海流给海上航运也带来了不少麻烦。例如，北大西洋西北部从加拿大北极群岛与格陵兰岛附近海域南下汇聚成的拉布拉多寒流，在纽芬兰岛东南海域同墨西哥湾暖流相遇。冷暖海水交汇，使这里经常存在一条茫茫的海雾带。它还从北冰洋或格陵兰海每年带来数百座高大的漂浮冰山，其中有许多进入湾流或北大西洋暖流中，给海上航行带来严重的威胁。

此外，陆地上许多污染物随着地表流入大海，海流可以把污染物携带到更加广阔的海洋之中，从而扩大海洋污染的范围，以致造成更大的灾害。可见，海流的搬运能力是不容小觑的，自然，它们所蕴含的能量也是惊人的。

第二节　顺水推舟，你能行吗

时至今日，人类还没有真正的熟识海洋，所探索的海洋的面积只有5%左右。人们知道海洋里深藏着诸多尚未破解的奥秘，也探知了海洋里不可想象的能量。海面上波浪翻滚，海面下暗潮涌动。于是，人们想到了利用海流所蕴含的巨大能量为生产生活服务。“顺风顺水”是人们在航行途中最为理想的状态，在定向信风的吹拂下，沿着同向的海流漂行，定然有一个惬意的旅途。

一、海流，和你一起远行

哥伦布一生从事航海活动，他相信大地球形说，认为从欧洲西航可达东方的印度和中国。在西班牙国王支持下，他先后4次出海远航（1492~1493年，1493~1496年，1498~1500年，1502~1504年），发现了美洲大陆，也因此成了著名的航海家。

他从小最爱读《马可·波罗游记》，从那里得知中国、印度这些东方国家十分富有，简直是“黄金遍地，香料盈野”，于是便幻想着能够远游，到达那诱人的东方世界。

于是，他的心中产生了一个伟大的想法，那就是想办法到达他梦寐向往的缤纷世界去领略一番。如何才能实现这个愿望呢?

哥伦布请教了意大利地理学家，得知可以通过欧洲大陆来到东方。由于那时欧洲大陆受土耳其和阿拉伯人控制，不易通过，但如果他沿着大西洋一直往西漂行，也能够到达东方。于是，在1492年8月3日，哥伦布带着90名水手，驾驶着“圣玛丽亚”号、“平塔”号、“尼尼亚”号3艘帆船，离开了西班牙的帕洛斯港，开始远航。这是一次横渡大西洋的壮举。

诚然，航海家的海洋探险的成功与自他们自身的勇气和心中对真理的向往是分不开的，但是大家不要忘记真正帮助他实现愿望的是海洋中奔腾不息的海流。

海洋中的这种“河流”，还可以为人们传递信息。航行在海洋上的船员，有时把装有各种文字记录的瓶子投进海洋，就好像陆地上的人们把信件投入绿色的邮筒一样。

这种奇异的“瓶邮”，为人类认识海流、传送情报作出过重大贡献，也发生过许多非常有趣的故事。

2008年初的时候，在美国阿拉斯加西部的白令海岸边上，有游人捡到了一个塑料苏打水瓶，瓶子里面装着一封被卷起来的信，那封信是一个美国西雅图的小学四年级女生于1986年写的。

这位名叫艾米丽的小学生在信中写道：“我们正在研究海洋以及生活在遥远的土地上的人们，这封信是我们这项科学计划的一部分。所以，请捡到这封信的你写上发现它的日期、地点和通信地址，并将它送回给我，我将送给你我的照片，并告诉你这个瓶子是何时何地被投进海洋的。”

于是，这个捡到瓶子的人就按照信上所留下的信息，几经周折终于联系上了现在已经30岁的艾米丽。后来，人们发现，在

瓶子被艾米丽投入大海后的21年当中，它独自在海上漂流了将近2800千米。

无独有偶。生活在英格兰西南的德文郡沃拉康比镇的60岁的潘妮·哈利斯是一名退休的中学女教师。2007年，她在离家不远的海滩上遛狗时，意外发现在离她不远的海面上漂浮着一只被水泡得发白的玩具鸭子，于是便想办法将其捞了起来。仔细端详之后，哈利斯发现，在小鸭子的身上标明了小鸭子玩具的商标和制作厂商的信息。

经过向亲友们打听，哈利斯了解到，她所捡到的正是15年前因海上事故而坠入太平洋的一批小鸭子玩具中的一员。随着消息传开，“小鸭”的身世受到极大的关注，当地迎来一场“追鸭狂潮”。

原来，在1992年，装满了由美国The Firt Years公司在中国定制的近3万只塑料玩具的集装箱因事故而坠入太平洋。这些玩具中，除了黄色小鸭，还有它的好朋友蓝龟、绿蛙及红色水獭。从那时起到发现时止，这支由1万多只玩具鸭子组成的“鸭子舰队”已经在海上漂流了15年，行程约2.7万千米，正浩浩荡荡地漂向英国海岸。

这些在浴室里陪伴孩子们的玩具已经在海上“随波逐流”，跨越了半个地球。它们曾到过“泰坦尼克”号沉船的水域，经过印度尼西亚、澳大利亚、南美洲，登陆夏威夷，甚至穿越过北极冰川。

这些玩具鸭虽然未尽本职，但它们却为科学家提供了珍贵的研究资料。美国海洋学家柯蒂斯·艾伯斯梅耶15年来一直在追踪这群玩具鸭子。他认为，了解这批玩具鸭子的漂流路线能为海流及地球气候变化的研究提供帮助。

英国国家海洋学中心科学家西蒙·博克索尔说："它们是一群很好的追踪器，能够清楚地反映出海流当前的运动情况，而海流是影响气候的因素之一。"

这支"小鸭舰队"还为绘制海流模拟图作出了另一项"贡献"。专业人员根据玩具鸭的着陆地点绘制出一份名为"海面洋流模拟"的电脑模型图，它能为捕鱼活动和海上救援工作提供帮助。

这群黄色玩具鸭由于长期被海水浸泡，逐渐褪色，现在已开始泛白，在海面上十分显眼。因此，对科学家而言，它们比专门用于海洋研究的浮标更易于观察。随后，哈利斯女士将她捡获的这只珍贵的"中国鸭子"寄往美国 The First Years 公司，并期望对方兑现 100 美元奖金高价收回的承诺。在一些收藏家手中，"小鸭舰队"成员的价格竟被爆炒至近 2000 英镑。

1956 年的一天，美国的一个叫道格拉斯的年轻人，从佛罗里达州的海港驾着游艇驶向大海，打算在海上玩个痛快。他的妻子则在家里准备了一顿丰盛的晚餐，等待着他的归来。

可是，他这一去便杳无踪影，尽管海岸警卫队出海反复搜寻，也没有发现任何线索。两年后，美国佛罗里达州的有关部门突然收到一封来自澳大利亚的来信。

打开一看，里面有一封信和一张没有填上数字的银行支票，支票上的签名正是失踪的道格拉斯。支票上的附言写道："任何人发现这张字条，请将此支票连同我的遗嘱寄往美国佛罗里达州迈阿密海滩我的妻子雅丽达·道格拉斯收。由于引擎出故障，我被吹向了远海。"

发现这张支票的人说，支票和附言是在澳大利亚悉尼市北部的阿伏加海滩上一个封紧的果酱瓶子里发现的。美国的佛罗里达海岸距离澳大利亚的悉尼大约有 4.8 万千米。小小的果酱瓶，横渡辽阔的大西洋漂到非洲，再横渡印度洋进入太平洋，最后来到遥远的澳大利亚海滨。

1980 年，中国海洋科学工作者去南太平洋进行了一次科学考察。返航途中，横渡赤道时，考察船上有一位名叫周镭的科学工作者，突然想起人们在海上用瓶子传递信息的事，便急忙给妻子写了一封信。

他把写好的信装进信封，在右角上贴了一张印有五星红旗图案的邮票，并在左上角画了一个箭头指向“中国”二字，还用英语和俄语加以注明，然后把信装进一个啤酒瓶内，用白蜡密封，在考察船穿过赤道的时候投入茫茫的大海。

两个多月后，周镭返回了中国。除开茶余饭后的话题之外，谁也没把投瓶的事放在心上。不料有一天，他突然收到来自巴布亚新几内亚的一封来信，打开一看，是一位中国血统的名叫陈国祥的先生寄来的。

信中除了有周镭写给他妻子玉萍的家书外，陈先生还附有一封热情洋溢的书信。信中不仅讲明了周镭家书拾到的时间、地点和过程，还提到他与祖国的血肉关系，并希望今后加强联系。

使这些漂流瓶、玩具鸭子等物品能够漂游海洋，跨越大洋的原因，正是海洋中的海流。

其实，有些时候运用海流进行邮递，只是人们在万般无奈的情况下的一种碰运气的举动。1498 年，哥伦布在航行中遇到了困境，便在羊皮纸上给西班牙国王写了一份报告，装在一个椰子壳里投入大海，希望海流能够迅速地把这份报告邮递到西班牙。

但是，那装有报告的椰子壳被海流带到了大西洋比斯开湾的一个荒滩上，直到 1856 年才被人们发现，这份报告已经延误了

358年。

如今，辽阔的海洋上仍飘游着许多载有各种信息的瓶子及其他物体。

小资料：海水漂流与气候

大规模的海水顺风漂流甚至还会影响到全球的气候，比如太平洋上经常出现的厄尔尼诺现象和拉尼娜现象。

厄尔尼诺现象也叫圣婴现象，是指每隔2~7年，赤道东南太平洋海面温度变化异常，通常是比往年温度高，这往往会导致全球气候异常的现象。厄尔尼诺现象起始就是大气与海洋两者交互作用的结果。

由于赤道附近的南太平洋海面主要吹东风。因此，海水不断向西流动，导致东南太平洋出现涌升流，来自下方的海水带来丰富的营养盐的同时，也使得洋面海水温度偏低。

厄尔尼诺现象发生时，赤道东风减弱、甚至吹起西风，同时，原本的涌升流也会消失，大洋表面海水温度升高。

大洋表面海水温度的异常变化导致大气对流改变，气候也受影响。例如，太平洋东岸平时较为干燥少雨，而西岸则潮湿多雨，厄尔尼诺现象出现的年份情况则会相反，往往造成东岸洪水成灾，西岸因为降雨稀少而导致森林火灾一发不可收拾。

和厄尔尼诺现象相对应的是拉尼娜现象，拉尼娜的意思是圣女。一般拉尼娜现象会伴随着厄尔尼诺现象而来，出现厄尔尼诺现象的第二年通常就会出现拉尼娜现象，有时拉尼娜现象会持续两三年。1988~1989年，1998~2001年都发生了强烈的拉尼娜现象，1995~1996年发生的拉尼娜现象较弱，有的科学家认为，由

于全球有变暖的趋势，拉尼娜现象也会有减弱的趋势。2011年，拉尼娜现象在赤道太平洋海域开始加强。

拉尼娜现象就是太平洋中东部海水温度异常降低的情况。东南信风将太平洋表面被太阳晒热的海水吹向太平洋的西部，致使太平洋西部比东部的海平面高出将近60厘米，且比东部海水温度增高，因而气压下降，潮湿空气累加，极易形成台风和热带风暴，而太平洋东部底层海水上翻，致使东太平洋海水变冷。导致海表温度异常偏低，使得大范围的气流在太平洋赤道地区的东部下沉，而气流在西部的上升运动更为加剧，进一步加强了信风，这又会进一步加剧东太平洋赤道地区的冷水洋面面积的发展，从而引发拉尼娜现象。

比如在2008年前后，拉尼娜现象就带来了不少的灾难，在中国遭受雪灾的严重打击时，美国中部出现了20℃的剧烈降温，暴风雪不时出没，百年无雪的中亚地区突降10毫米大雪，刷新了巴格达百年无雪的历史。西欧水患严重，英法损失巨大，俄罗斯北部边缘地区温度连创新低。

二、海流发电，绝非异想天开

很早以前，古人就懂得利用海流漂航。到了帆船时代，人们更多的是利用海流助航，正如人们常说的“顺水推舟”。

18 世纪时，美国科学家富兰克林绘制除了一幅墨西哥湾流图。这张湾流图十分详细地标示出了北大西洋海流的流速及流向，供来往于北美和西欧的帆船顺流航行，由此大幅度地减少了横渡北大西洋所用的时间。此外，在“二战”期间，日本人曾试图利用海流从中国和朝鲜向本土漂送粮食。

技术发展到今天，人们可以利用人造卫星遥感技术随时测定每个地区的海流数据，帮助大洋上的航运船只寻找最佳路线。同时，人们惊喜地发现，海流中蕴藏着巨大的能量，可以通过一定的设备发电，这个发现引起了很多国家的重视。

最早在 1973 年，美国首先研制出了性能相对较好的海流能发电设备，日本、加拿大等国家也在加紧研究海流发电技术。中国也不甘落后，目前的海流发电技术已经进入了中间试验阶段。

海流发电技术，除上述类似江河电站中管道导流的水轮机，还有类似风车桨叶原理的机械装置或风速计那样原理的机械装置。另外，还有一种海流发电方式，就是将许多转轮成串地安装在两个固定的浮体之间，并使它们在海流冲击下呈半环状张开，这就是花环式海流发电站。另外，一些国家研制的水轮机潮流发电船，也能用于海流发电。

第三节　条条海流可发电

地球上的海流数目有很多，只要有合适的设备，这些海流就可以用来发电。从赤道附近低纬度流向高纬度去的海流，水温比沿途的海水要高，就好像一条巨大的天然热水管路，把低纬度海区的热量源源不断地送向两极地区，人们把这种海流叫作“暖流”。而从高纬度流向低纬度去的海流，水温比沿途的海水低，宛如一条冷却管路，人们称之为“寒流”。

人们发现，无论是暖流还是寒流，只要是定向流动的海流，就蕴含着巨大的动能，因此可以依靠海流的冲击力带动水轮机旋转，然后通过加速装置，带动发电机发电。

一、海流川流不息

全世界海流能能量巨大，然而海流不是流向同一个方向的，根据地域、流向和海水温度的不同，可以分为很多类型。

一般讲，世界海流主要有南极海流、北赤道海流、北大西洋海流和北太平洋海流。其中环绕着南极大陆并向北扩展达到南纬40°的广阔流系。

这里的海水总是不断地向东流去，主要是所有这些海流都受着东南信风的强烈影响，因而要比派生出它们的西风漂流本身更狭窄，流得也更快。

在北纬10°和20°之间的北大西洋和北太平洋赤道地带，有一股宽阔而流动缓慢的北赤道海流向西流动的北赤道海流，但其多数属于季风漂流，会随着风向而改变洋流的方向。

大致在北纬40°附近，湾流和黑潮开始转向东方，分别形成北大西洋海流和北太平洋海流。

北大西洋的巨大环流，它的大部分并不转向南面，而是沿着欧洲海岸继续向北流动，其中有一小部分折回西面，形成了冰岛以南的依尔明格海流，其余的部分进入北冰洋，成为挪威海流。北太平洋海流则有一部分转向北方，变成阿拉斯加海流。

以上就是世界主要海流的大致分布情况。可见，如此看来，海洋里的河流，完全像陆地上的河流，纵横交错，川流不息，人们虽说对它已经有了比较正确的认识，但要确切地道出它的详情，实在比陆地上的河流要复杂多了。

值得指出的是，中国的海流能属于世界上功率密度最大的地区之一，特别是浙江舟山群岛的金塘、龟山和西侯门水道，平均功率密度在20千瓦/米^{2}以上，开发环境和条件很好。

中国沿海的海流大体可分为三大流系：

其一是黄海、渤海流系。辽东沿岸同进入该海域的黄海暖流及其余脉组成黄海、渤海环流系统。

其二是东海流系。浙闽沿岸流在春、秋、冬三季沿长江口以南岸线流向西南。而在夏季随长江冲淡水流向东北。

还有位于中国最南部的南海流系。在春、秋、冬三季，浙闽沿岸流经台湾海峡进入南海，与广东沿岸流汇合一起流向西南，

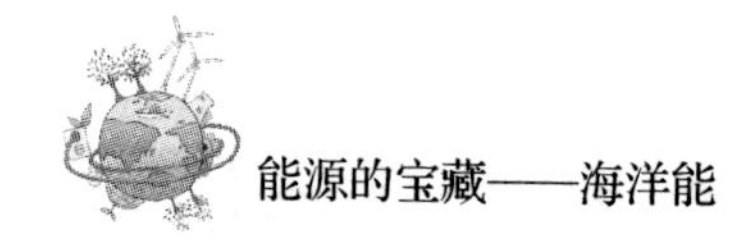

在珠江和雷州半岛之间形成“逆时针环流”。在夏季，广东沿岸流则汇合珠江冲淡水流向东北。

中国近海流也有不少分布，其中，渤海潮流以半日潮流为主，流速一般为 0.5~10 米/秒。最强的潮流出现于老铁山水道附近，可达 1.5~2.0 米/秒。辽东湾次之，为 1.0 米/秒。莱州湾则仅为 0.5 米/秒左右。

而黄海的潮流大都为正规半日潮，仅在渤海海峡及烟台近海为不正规全日潮流。流速一般是东部大于西部。朝鲜半岛两岸的一些水道，曾观测到 4.8 米/秒的强流。黄海西部强流区出现在老铁山水道、成山角附近，达 1.5 米/秒左右，在小洋口及斗龙港咀南水域，则可达 2.5 米/秒以上。

再说东海潮流，在东海的西部大多为正规半日潮流，东部则主要为不正规半日潮流，台湾海峡和对马海峡分别为正规和不正规半日潮流。

潮流流速近岸大，远岸小。闽、浙沿岸可达 1.5 米/秒，长江口、杭州湾、舟山群岛附近为中国沿岸潮流最强区，可高达 3.0 米/秒以上，如岱山海域的龟山水道，潮流速度高达 4 米/秒。九州西岸的某些海峡，水道中的流速也可达 3.0 米/秒左右。

流速最弱的是南海潮流，大部分海域潮流流速不到 0.5 米/秒。北部湾强流区，也不过 1 米/秒左右，琼州海峡潮流最强可达 2.5 米/秒。南海以全日潮流为主，则全日潮流显著大于半日潮流，仅在广东沿岸以不正规半日潮流占优势。

小资料：世界著名洋流

西风漂流：位于南北纬 40°~60°西风带的海域内，因受强大的西风推动，海水自西向东连续不断地流动而形成的洋流。在南半球，因没有大陆的阻挡，西风漂流横穿太平洋、大西洋和印度洋的南部，形成环流性质，称为西风环流。在北半球为北大西洋暖流和北太平洋暖流。

湾流：湾流不是一股普通的海流，而是世界上第一大海洋暖流，亦称墨西哥湾（暖）流。墨西哥湾流虽然有一部分来自墨西哥湾，但它的绝大部分来自加勒比海。当南、北赤道流在大西洋西部汇合之后，便进入加勒比海，通过尤卡坦海峡，其中的一小部分进入墨西哥湾，再沿墨西哥湾海岸流动，海流的绝大部分是急转向东流去，从美国佛罗里达海峡进入大西洋。这支进入大西洋的湾流起先向北，然后很快向东北方向流去，横跨大西洋，流向西北欧的外海，一直流进寒冷的北冰洋水域。它的厚度为200~500米，流速2.05米/秒，输送的水量比黑潮大1.5倍。

黑潮：黑潮是太平洋洋流的一环，为全球第二大洋流，只居于墨西哥湾暖流之后。黑潮将来自热带的温暖海水带往寒冷的北极海域，将冰冷的极地海水温暖成适合生命生存的温度。黑潮得名于其较其他正常海水的颜色深，这是由于黑潮内所含的杂质和营养盐较少，阳光穿透过水的表面后，较少被反射回水面。黑潮的流速比较快，可提供洄游性鱼类一个快速便捷的路径。所以，黑潮流域中可捕捉到为数可观的洄游性鱼类，及其他受这些鱼类所吸引过来觅食的大型鱼类。

二、谁在驱动大洋环流

大洋中的海水并不像人们所想的那样只是安静地停留在一个

地方，而是会像陆地上的河流那样在全球大洋的海水体系中不停地来回流动，只不过和陆地上的河流不同，海流所形成的水流都是以环流的形式存在，因此被人们称为“大洋环流”。

这些流动的海水也像陆地上的河流一样，它们的宽窄、长短和流速都是不同的。不同于陆地上河流的地方是，海洋中的海流除了水平环流，还有垂直方向上的环流，即人们所说的“升降流”。那么，在巨大的海洋空间里，是什么力量推动海水像河流那样流动呢？

人们经过细致的推理和研究得知，推动大洋海水流动的最直接力量大体有三种，分别是风力、海水温度差异和盐度差异。

除了风力的推动作用之外，海水的温度和盐度的不同也会导致海水密度的不同，而海水密度的差异也会在一定的条件下形成海流。而且，正是这些密度差异和变化产生了可以驱动海水沿着温度和盐度梯度流动的力量，才使得大洋中的海水可以不断循环、交换，使温度低、密度大的海水下沉到海洋深处，而温度高、密度小的海水随即进行补充。同样的道理，盐度高、密度大的海水沉入深层，而盐度低、密度小的海水则会“浮在”海面上层。

大洋环流之所以成环，对它起到决定作用的是海陆的分布形态和地转偏向力。比如赤道流一路向西，却被大陆挡住了去路，那么这种情况下，摆在它面前的就只有两条出路。一条是按原路返回，另外一条就是顺势转弯。但是，海流是接连不断的，全部按原路折返是不可能的。于是，赤道流就只好在这里分出一小股潜入大洋的下层返回，成为赤道潜流。而剩下的“大队人马”只得绕道前行。那么，究竟应该往哪个方向转弯呢？这时候就要看地转偏向力的影响了。在北半球，海流受到地转偏向力的作用向右转。而在南半球，地转偏向力使得海流向左转。

在这些循环流动过程之后，不同区域的海水便能够相互混合。于是，原本海水温度低的地方就会获得热量，而原本缺乏营养物质的地方也得以和营养物质丰富的海水交融，因而给海洋带来勃勃生机。正因为此，科学家们称赞海流既是地球表面冷暖的“调节器”，又是海洋渔业生产的“孵化器”。

北赤道流抵达大洋西岸时，主要向北流去，这支暖流从赤道地区携带了大量的热量，因而成为一股强劲的暖流。这股暖流，在大西洋里被叫作湾流，在太平洋里则称为黑潮。北半球从赤道海域得到的热量，有一半以上是它们携带过来的。

海流将如此大量的温暖的海水向北输运，对北部沿岸流域的气候产生了巨大的影响。此外，暖流区域所处的位置蒸发较强，空气潮湿而不稳定，因此降雨充沛，使流域沿岸的农业生产获益颇丰。

湾流和黑潮向北流到较高纬度处，除了大部分向东流入盛行西风带所生的北大西海流和北太平海流之外，还在那里遇到向南流动的拉布拉多寒流，因而发生海水强烈的垂直交换混合，这非常有利于浮游生物繁殖，对鱼群栖息特别有利，形成了很多著名的渔场。

当北大西海流和北太平海流自西向东流到东岸，而后从较高纬度的寒冷海域向南流入较低纬度较温暖海域时，就形成了较大的寒流，即加那利海流和加利福尼亚海流。而在南半球，与北大西海流和北太平海流相对应的，却是贯通了大洋的环南极流，与上述两支寒流相对应的，是本古拉海流和秘鲁海流。

当这些寒流流向赤道进入信风带时，表层海水将因风的作用而离岸远去，遂使下层的海水向上涌升，将富有营养物质的深层

海水带到海水表层，浮游生物大量滋生，鱼虾群集，便形成了一些举世闻名的渔场。而这些寒流区域，湿度较小，是世界上降雨量最少的区域。

除此以外，海流还曾为人类作出了许许多多的贡献。

自从人类开始迈向海洋时起，就与海流结下了不解之缘。美国人很早就发现可以通过利用湾流来缩短沿东海岸乘船航行的时间，并且，他们还利用北大西洋的东向海流，节省横渡大西洋的时间。而中国古代的航海家在远航南亚、西亚和东非时，就会充分利用北印度洋和南海的海流规律，选择冬春出航，夏季返航，以此来与印度洋上的季风相配合。

海流的另一大功劳就是可以极大程度地促进水体交换，把沿岸受到陆源污染的海水排到远海、深海进行稀释，而同时又把外海清洁的海水输送到近海。毫不夸张地说，海域的自净能力，很大程度上取决于海流的存在。

三、海流能发电，准备好了吗

像陆地上的河流一样，海流不间断地流动，同样蕴藏着巨大的能量。于是，人们便想到了利用海流进行发电。早在 1973 年，美国就试验了一种名为“科里奥利斯”的巨型海流发电装置。该装置为管道式水轮发电机。机组长 110 米，管道口直径 170 米，安装在海面下 30 米处。在海流流速为 2.3 米/秒条件下，该装置获得了 8.3 万千瓦的功率。同时，日本、加拿大也在大力研究试验海流发电技术。

20 世纪 70 年代末期，国外研制了一种设计新颖的伞式海流发电站，这种电站也是建在船上的。它是将 50 个降落伞串在一根很长的绳子上来聚集海流能量的，绳子的两端相连，形成一个环形。然后，将绳子套在锚泊于海流的船尾的两个轮子上。置于海流中的降落伞由强大海流推动着，而处于逆流的伞就像大风把伞吸胀撑开一样，顺着海流方向运动。

于是，拴着降落伞的绳子带动船上两个轮子，连接着轮子的发电机也就跟着转动而发出电来，它所发出的电力通过电缆输送到岸上。海流能发电的原理和风力发电相似，几乎任何一个风力发电装置可以改造成为海流能发电装置。海流发电装置主要有轮叶式、降落伞式和磁流式几种。

轮叶式海流发电装置利用海流推动轮叶，轮叶带动发电机发出电流。轮叶可以是螺旋桨式的，也可以是转轮式的。降落伞式海流发电装置由几十个串联在环形铰链绳上的“降落伞”组成。

顺海流方向的“降落伞”靠海流的力量撑开，逆海流方向的降落伞靠海流的力量收拢，“降落伞”顺序张合，往复运动，带动铰链绳继而带动船上的绞盘转动，绞盘带动发电机发电。

磁流式海流发电装置以海水作为工作介质，让有大量离子的海水垂直通过强大磁场，获得电流。海流发电的开发史还不长，发电装置还处在原理性研究和小型试验阶段。

然而，中国大陆沿岸和海岛附近蕴藏丰富的海流能，至今却未得到有效开发。对这种可再生能源进行研究和开发利用，可以为中国沿海及海岛农村提供新能源，对保持海洋经济社会的持续、稳定、协调发展意义重大。

若以平均流量每秒 100 立方米计算，中国近海和沿岸海流的能量就可达到 1 亿千瓦以上，其中以台湾海峡和南海的海流能量最为丰富，将为发展中国沿海地区工业提供充足而廉价的电力。

海流发电站多是浮在海面上的。例如，“花环式”的海流发电站就像献给客人的花环一样。这种发电站之所以用一串螺旋桨组成，主要是因为海流的流速小，单位体积内所具有能量小的缘故。它的发电能力通常是比较小的，一般只能为灯塔和灯船提供电力，至多不过为潜水艇上的蓄电池充电而已。

美国曾设计过一种驳船式海流发电站，其发电能力比花环式发电站要大得多.这种发电站实际上就是一艘船，因此叫发电船似乎更合适些。在船舷两侧装着巨大的水轮，它们在海流推动下不断地转，进而带动发电机发电。所发出的电力通过海底电缆送到岸上。

这种驳船式发电站的发电能力约为 5 万千瓦，而且由于发电站是建在船上，所以当有狂风巨浪袭击时，它可以驶到附近港口躲避，以保证发电设备的安全。

其实，利用海流发电比陆地上的河流优越得多，它既不受洪水的威胁，又不受枯水季节的影响，几乎以常年不变的水量和一定的流速流动，完全可成为人类可靠的能源。

四、海流发电选址及测流技术

海流速度有赖于水深和地形障碍物。海流电站的站址应位于峡谷最小处，或者突出的尖角处或者典型的地下水道和海岛之间。这个地方的海流流速向下游分离，而且通常向下游自由发散。总体上讲，海流电站选址时，要尽量和反向强流错开，这点十分关键。

大家知道，风速是决定风能资源的关键性因素。因此，在建设风电场之前，先要进行选址和风能资源的评估。同样的道理，在海流能发电方面，测定海流也是选址时的决定因素。但是由于海洋上的环境和风浪的影响，测流工作十分艰难。更为重要的一点是，目前还没有一个十分有效的办法，测流技术主要还是依靠人工操作。这样既增加了测流工作的难度，也会使得测量结果更加不准确。另一方面，建立海流能电站需要连续测流，但是人们还没有做到这一点，目前只能依据典型潮汐情况的测流和相关的数值模拟技术来分析。

第四节　拼的就是技术

利用海流能来发电，增加人类生活生产所需的电能，是人类迫切需要实现的愿望。若想充分利用稳定而且有助减少一次性资源消耗的海流能，就必须在技术上有实际意义的大突破。

各个国家为了尽早掌握海流发电技术，皆不断地探索与研究。世界上从事海流能开发的主要有美国、中国、英国、加拿大、日本和意大利等国家。

早在 20 世纪 70 年代，在美国召开的专题讨论会上，人们便开始系统地探讨如何充分利用海流能发电。1975 年，日本率先对黑潮动能发电进行调研活动。此后，日本、加拿大、美国、英国就海流能发电提出了若干方案。这些方案包括漂浮螺旋桨式、固定旋桨式、浮螺旋桨式、立式转子式、漂浮伞式、动力坝、电磁式等多种海流发电转换装置。

美国于 1985 年在佛罗里达的墨西哥湾流中试验小型海流透平发电装置，将 2 千瓦的装置被悬吊在研究船下 50 米处。加拿大也进行了类似于达里厄型垂直风机的海流透平试验，试验机组为 5 千瓦。

但整个 20 世纪 80 年代较成功的海流项目也许是日本大学于 1980~1982 年在河流中进行的直径为 3 米的河流抽水试验，以及

1988 年在海底安装的直径为 1.5 米，装机容量 3.5 千瓦的达里厄海流机组，该装置连续运行了近 1 年的时间。

中国在 20 世纪 70 年代的时候，舟山人何世钧自发地进行海流能开发，仅用几千元钱就建造了一个试验装置，得到了 6.3 千瓦的电力输出。

20 世纪 80 年代初，哈尔滨工程大学开始研究一种直叶片的新型海流透平，获得较高的效率并于 1984 年完成 60 瓦模型的实验室研究，之后开发出千瓦级装置在河流中进行试验。

20 世纪 90 年代以来，欧共体（欧盟的前身）和我国均开始计划建造海流能示范应用电站。中国的“八五”“九五”科技攻关均对海流能发电进行连续支持。哈尔滨工程大学研建 75 千瓦的海流电站。

意大利在欧共体“焦耳计划”支持下，已完成 40 千瓦的示范装置，并与中国合作在舟山地区开展了联合海流能资源调查，开发了 140 千瓦的示范电站。英国、瑞典和德国也在“焦耳计划”的支持下，从 1998 年开始，研建了 300 千瓦的海流能商业示范电站。

全球海洋的海流能资源储量迄今尚未见全面具体估算的文献，粗略估计理论功率约为 1×10^{8}~50×10^{8} 千瓦，可利用功率约为 1×10^{7} 千瓦。关于海流能资源的调查估算，主要有美国对佛罗里达海流和日本对黑潮的研究。

但由于海水的密度约为空气的 1000 倍，且必须放置于水下，故海流发电存在着一系列的关键技术问题，包括安装维护、电力输送、防腐、海洋环境中的载荷与安全性能等。此外，海流发电装置和风力发电装置的固定形式和透平设计也有很大的不同。

海流装置可以安装固定于海底，也可以安装于浮体的底部，

而浮体通过锚链固定于海上。海流中的透平设计也是一项关键技术。

其实，利用海流能发电，各国都在探索、比拼着新技术，无论是花环式，还是伞式，还是驳船式发电装置都是人类力求尽早挖掘出海流能的巨大潜能以减轻日渐严重的能源压力所做的努力。或许，在科技知识与技术日渐进步的的背景下，人们很快就能掌握海流能发电的先进技术。

目前，中国的海流能发电还处在探索阶段，技术上以及政策上还存在一些问题需要解决。

首先，中国还没有制定明确的政策进行引导和扶持海流能发电。也没有发展海流能相关的技术和标准规范性材料。

其次，海流发电的相关知识还不是很完善，因为海流发电属于新能源利用领域的范畴，属于比较超前的产业，目前涉足的人比较少，可以利用的资料和经验也不是很多，甚至，中国海流能发电资源的监测分析报告和海流发电目标以及可行的战略规划等，都缺乏科学性的评估论证和理论支持。

最后，海流能发电的技术和设备有待进一步适应海流能发电的需要，还要对选定海域的海流能蕴藏量可发电数据及海流能利用的相关规律、参数或者指数等进行调查研究和实地测试。这是建立海流能电站必须要做的前期准备工作。

因此，为了能够在海流能发电领域有进一步发展的空间，国家要制定海流能发电的目标和规划，确定海流能发电的开发模式和有关的政策扶持办法。在技术上对重点技术难题展开科技攻关，尽快解决海流能发电的技术障碍。这样才能让中国在利用海流能发电方面紧跟时代的大潮。

小资料：什么是透平

透平来自于英文，是英文 turbine 的音译,最早源于拉丁文 turbo 一词，意为旋转物体。在平时的应用中，透平一般指的是将流体工质中蕴有的能量转换成机械功的机器，又称涡轮或涡轮机。

虽然透平的工作条件和所用工质不同，它的结构形式也多种多样，但基本工作原理相似。透平的最主要的部件是一个旋转元件，即转子，或称叶轮。它安装在透平轴上，具有沿圆周均匀排列的叶片。

流体所具有的能量在流动中，经过喷管时转换成动能，流过叶轮时流体冲击叶片，推动叶轮转动，从而驱动透平轴旋转。透平轴直接或经传动机构带动其他机械，输出机械功。

一般情况下，透平所用的流体工质有水、蒸汽和燃气等 3 种。以水为工质的透平称为水轮机，以蒸汽为工质的透平称为汽轮机，以燃气为工质的透平称为燃气透平。

第五章　海洋新发现——海洋温差能

法国物理学家阿松瓦尔是第一位提出利用海水温差发电设想的人。1926 年，阿松瓦尔的学生克劳德通过试验，成功地使用海水温差能来发电。

1930 年，克劳德在古巴海滨建造了世界上第一座海水温差发电站，获得了 10 千瓦的功率。1979 年，美国在夏威夷的一艘海军驳船上安装了一座海水温差发电试验台，发电功率 53.6 千瓦。

由于海洋热能资源丰富的海区都很遥远，而且根据热动力学定律，海洋热能提取技术的效率很低，因此可资利用的能源量是非常小的。但是即使这样，海洋热能的潜力仍相当可观。随着现代科学技术的发展，这种新型能源正在被人们认识和利用。

第一节 太阳与海洋相恋了

海洋的温度随着深度的变化由高到低。宽阔的海面就像是一大块太阳能板，白天在太阳的拥抱下，海面的温度会变得很温暖。其热度来自海水中放射性物质的放热，海流摩擦产生的热，以及其他天体的辐射能，但99%是来自太阳暖暖的拥抱。

由于各深度的海水受到阳光照射的比例不一样，所以各个深度的水温变得不同。海洋表层水温比稍深处水温的明显差别蕴含着巨大的热力位能，可以转换成电力供人利用。

一、海洋冷热不均

海洋温差能，通常又被称为“海洋热能”，水的比热比较大，海水也是如此，所以整个海洋就是一个巨大的吸热体。太阳辐射到地球表面的热能，很大一部分被海水吸收，利用海洋中受太阳能加热的暖和的表层水与较冷的深层水之间的温差进行发电而获得的能量，也是海洋能源的一种，是可持续利用的清洁能源。

在日常生活中，遇冷取暖、融冰取水等众人皆知的例子都是“温差概念的一种直观体现”。因为冷、热两种流体的温度在大多

数情况下总是沿着整个换热表面不断地发生改变，所以温差是指冷热两种流体沿固体壁面温差的某种平均值。

一段时间之内，最高温度与最低温度之间的差值为这一段时间内的温差。任何物体由于所处的环境变化会产生一定的温差。比如沙漠中的沙子，在太阳的直射下，时间久了，也就有一定的温度；到了日落西山，随着周围环境温度的降低，沙子的温度也会随之降低。相对于气温来讲，也是如此，一日当中会有一个最高温，一个最低温，比如某市一段时间内，最高温度为 18℃，最低温为-2℃，则它的温差为 20℃。一般来说，内陆地区日夜温差较大，沿海地区日夜温差较小，这是因为水的比热容比泥土的大的缘故。

苏东坡曾在《水调歌头·明月几时有》中写道："高处不胜寒。"因为，大气的主要热源来源于地球表面，距离地面越远，温度也就越低。山越高，山地的地面温度与自由大气温度的差值就越大，自由大气对山地气温的调节作用就越明显。

而海洋就不同了。在南北纬 30°之间的大部分海面，表层和深层海水之间的温差在 20℃左右。如果在南北纬 20°海面上每隔 15 千米建造一个海洋温差发电装置，理论上最大发电能力估计为 600 亿千瓦。

使海洋增温的因素有很多，有太阳辐射（包括直达辐射和散射辐射）、大气回辐射、空气传导对流、暖性的降水和大陆径流、海面水汽的凝结、地球内部输送、海水中化学过程放出的热量、海水动能所转变的热量等。

使海洋减温的因素有海面向外的长波辐射、蒸发及与冷空气的湍流热交换。一年中的不同时期，海洋的热收支是不平衡的，但是整个海洋的年平均温度几乎没有变化，所以认为，海洋的热收支大体上是平衡的。

赤道附近太阳直射多，其海域的表层温度可达 25~28℃，波斯湾和红海由于被炎热的陆地包围，其海面水温可达 35℃。而在海洋深处 500~1000 米处海水温度却只有 3~6℃。

据计算，从南纬 20°到北纬 20°的区间海洋洋面，只要把其中一半用来发电，海水水温仅平均下降 1℃，就能获得 600 亿千瓦的电能，相当于目前全世界所产生的全部电能。

专家们估计，单在美国的东部海岸由墨西哥湾流出的暖流中，就可获得美国年需用电量的 75 倍。推而广之，就全世界来说，如果能够将海洋温差蕴含的巨大能量利用起来，那就更不是一个小数目。

中国海岸线绵长，跨越温带与热带，海洋温差能资源丰富。作为世界能源消费大国和海洋大国，中国开发海洋温差能意义重大，有效利用清洁、可再生的海洋温差能应当成为中国应对未来能源短缺的一个手段。

二、庞大的“热水管”

海洋本身像是一个庞大的“暖水管”。北大西洋的北赤道洋流，大致从佛得角群岛开始，沿北纬 15°~20°自东向西流动，至安的列斯群岛附近，称安的列斯暖流。

南大西洋的南赤道洋流，从非洲沿岸流向美洲沿岸，到南纬 7°附近巴西东部向东突出的罗克角，分为南、北两支。在大西洋南北两个环流中，以墨西哥湾暖流最著名。

墨西哥湾暖流，又简称“湾流”，是世界大洋中宽度最大、

流程最长、水温最高、影响最深远的暖流。

这个规模巨大的湾流，总流量为7500万~10000万米^3/秒，比黑潮暖流大近一倍，几乎相当于世界陆地上所有河流总流量的40倍。湾流汇聚了大西洋南北两股赤道洋流，又在加勒比海和墨西哥湾内流动了较长的时间，成为热量丰富的强大暖流。

据测量和计算，每小时约有900亿吨温暖的海水从墨西哥湾流入大西洋。湾流每供给英吉利海峡1米长海岸线的热量，约相当于燃烧6万吨煤的热量。

每年带给挪威沿海的热量，约相当于这里太阳辐射量的1/3左右，用这些热量可以发出强大的电能，假如用石油作燃料生产同样多的电能。就需要平均每分钟必须有一艘10万吨级的油轮，不间断地为发电厂运油添加油料。可见，湾流的热量非常庞大，人们形象地称它为永不停息地输送热量的“暖水管”。

这根庞大的“暖水管”，使流经地区的水温和气温显著上升。这样，西欧和北欧的西部便形成了典型的温带海洋性气候。而在中国长江（大约北纬30°）以北的湖泊，冬天都有冰冻现象。但是，除了地球南北的极地和部分浅海，在北纬60°以南，辽阔的大洋面上一般是不会结冰的，特别是赤道附近一带海域，海水表面温度几乎是恒温的，所以人们常形容海洋是温暖的。

然而，对于浩瀚的大海而言，在海洋深处的海水却是很冷，原因是冷水密度大，这些冰冷的水就沉积在海底。

中国的东海北连黄海，东到琉球群岛，西接中国大陆，南临南海。东海海域面积约77万平方千米，平均水深370米左右，最大水深2719米。

在中国北方海域，夏季表层海水温度可达30℃，在40~50米深处，水温便降到10℃以下，温差达20℃。东海黑潮流经的海面，表层水温常年保持在 25℃左右，而 800 米深处，水温则常年低于 5℃，温差有 20℃。

一般来讲，海洋越深，水则越冷。一般情况下，海洋深水终年的温度只有几摄氏度，无论如何，太阳也没有办法把它晒热。这与海洋上层的温水比较，温差可有 20℃左右。只要有足够的技术和可行的设备，这样的温差，就足以带动海洋温差发电设备源源不断地产生能源，满足人们的生产生活对于能源的需求。

小资料：为什么海水不容易结冰

即使在寒冷地区，海水结冰要比陆地上淡水结冰困难得多，这是为什么呢?

首先，海水含盐度很高，降低了海水的冰点。淡水结冰是在 0℃，含 10‰盐度的水冰点为-0.5℃，而含 35‰盐度的水冰点是-1.9℃。地球上各大洋海水平均盐度为 34.48‰，因此，海水的冰点在-1.9℃左右。

再则，海水的最大密度不是在 4℃时的密度，而是随盐度增加而降低。它的降低速度比冰点随盐度增加而降低的速度快。

当盐度为 24.7‰时，海水密度最小时的温度与其冰点一致。因为海水平均盐度是 34.48‰，远远超过 24.7‰，所以海水达到冰点时，尚未达到海水的最大密度，而海水的对流混合作用并不停止，大大妨碍了海水的结冰。

此外，海洋受洋流、波浪、风暴和潮汐影响很大，这些因素一方面加强了海水混合作用，一方面也使冰晶难以形成。凡此种种，都不利于海冰的形成和发展。

第二节　前途难以估量

浩瀚无际的海洋占据了地球大部分的表面积，并且无时无刻不在吸收太阳能。因此，海洋犹如一个巨大而快速的“储热库”，将吸收来的太阳能储存起来。据统计，这个储热库能够吸收的能量达 60 万亿千瓦左右。

这样丰富的温差能，在人类对新能源的探索与开发中，价值将是难以估量的。

一、温差能利用进行时

根据科学家们的计算，从南纬 20°到北纬 20°的区间海面范围内，只需用其中一半的温差能来进行发电，便可以获得 600 亿千瓦的电能，这样的结果是令人吃惊的，因为 600 亿千瓦的电能，已相当于目前全世界所产生的全部电能。

在地球的东半球，从东经 130°~180°，北纬 20°~南纬 20°的海洋温差最大，约在 21~24℃。西半球西经 110°~160°和西经 10°~40°，北纬 20°~南纬 20°的海洋温差也很大，约在 20~22℃。

通常海洋温差是指南纬 25°~北纬 32°海域中海水深层与表层

的温度差。中国位于东半球，海洋温差条件较好，尤其是台湾附近海水温差更大，更加适合开发海洋温差能电站。

据调查，可以用来发电的温泉仅在日本就有 150 处，而且是一种清洁的能源形式，应用前景十分广阔。位于日本福岛县热盐加纳村的大森温泉，每分钟会有 100 升 78℃的热水从地下 1500 米处喷涌而出。附近热衷于环境问题的村庄一直在用这个温泉的热水进行发电试验。试验采取了用温泉水对氨气进行加热，使之成为高温、高压的气体来带动涡轮的方式。氨气用河川的水进行冷却，变成液态后再进入循环。一直在协助这项开发的早稻田理工学院教授说："利用温泉水发电与受天气影响很大的太阳能及风力发电不同，基本上全年不分昼夜都可以利用。"

温差能利用的另一代表就是"雪"。在北海道的一家老人福利院里，主楼旁有一个没有窗户的奇怪的建筑物。打开该建筑物像金库般厚重的门，就能看到里面塞满了早春时收集的 121 吨雪。用热交换机和送风机让冷气进行循环，用于主楼的制冷。这么多的雪在夏季短暂的北海道完全够用。据负责这项工作的室兰工业大学的媚山政良副教授测算，每利用 1 吨雪就可以节约原油 10 升，消减二氧化碳排放 30 千克。这也是清洁温差能的另一不争的事实。

佐贺大学海洋能源研究中心的上原春男教授从 1973 年开始着手开发，经过几十年的反复摸索，终于找到了被称为"上原循环"的新方式来发电。印度等国已走在了日本前头，进入了实证性试验阶段。

虽然各个国家因国情不同，在关心程度上也存在着"温差"，但是有很多国家正在研究引进"上原循环"方式进行发电。更加奇特的是，似乎和能源短缺无缘的中东产油国对此也表示了浓厚的兴趣。除了利用海水之外，还想用炼油时产生的大量热水来发电。这是因为石油留着卖比用要更合算。

二、海洋温差能，优势多多

综合国内外对海洋温差能资源的调查研究结果，可以总结出海洋温差能有几种其他能源望尘莫及的优势。

首先，海洋温差能分布范围比较广，总体储量十分庞大，海洋表面与深层的温差在 18℃以上的是适合温差能利用的海区，这一温差基本上分布在南纬 25°至北纬 32°之间。当考虑到一年中的温度变化时，有利用价值的则主要在南、北回归线之间的广大海域。而温差较高的地点处于赤道及其邻近海域。最有利的地点在太平洋上的东南亚、中国南海及大洋洲北部的岛屿地区等，那里有大面积温差达 24℃以上的海域。

根据众多学者的估算结果，自然状态下海洋热能理论储量可超过 10×10^{12} 瓦，技术上可利用的海洋温差能功率也有 1×10^{12}~10×10^{12} 瓦。显然，总量是非常巨大的。

在海洋能中，温差能是最稳定、密度较高的一种。大洋低纬度的表层和深层水温全年保持在为 24~28℃和 4~6℃，表层水温季节变化仅为 2%左右，深层水温基本不变。使得表层和深层的温差很稳定，这是温差能最大的优点。

温差电厂不必贮能，即可以作为基本负荷系统。另外，如上所述，当温差分别为 12℃、20℃时，有效当量水头分别达 210 米、570 米，已相当于水力能的强度，同时具有较高的能量密度。

另外，海洋温差能还是一种可再生资源。在温差能发电过程中，在温差能电厂设计中以 20℃温差为参考时，电厂总效率仅有 2.5%。但幸运的是，海洋中有大量的充足的源源不断的冷、暖海水可以循环使用，使得温差维持再生状态。

目前的情况是，由于种种原因，温差能电站没有达到普遍应用的水平。但是总体上说，如果克服了技术和设备的不足，研制成功的设备能够提高能量转化的效率，或者说转化的能量达到了大规模运用的水平，温差能电站必将为人类掀开能源利用的新一页。

第三节　温差能，电量足吗

温差能虽然是一种恢复速度很快的可再生资源，但人们尚不清楚温差能的发电能力到底怎么样。温差能发电需要稳定的温差，保证拥有足够的稳定的温差在于拥有大量稳定相对高温水。然而在实践经验中，获取相对高温水还需要消耗能源，目前解决这个问题的技术还不是很成熟，使得温差能发电步履维艰。

一、温差能发电四步循环

说起海水温差发电的历史，也有着一段“风风雨雨”的变革经历。早在 1881 年 9 月，巴黎生物物理学家德·阿松瓦尔就提出利用海洋温差发电的设想。1926 年 11 月，法国科学院建立了一个试验温差发电站，证实了阿松瓦尔的设想。

1930 年，阿松瓦尔的学生克洛德在古巴附近的海中建造了一座海水温差发电站，终于实现了老师的一个夙愿。但当时的发电系统中水泵等设备所耗电力大于其发出的电力，所以纯发电量为负值。由此可见，温差发出的电量是否可以利用，也许在于人类的技术是否成熟。之后在 1961 年，法国在西非海岸建成两座

3500千瓦的海水温差发电站。

美国和瑞典于1979年在夏威夷群岛上共同建成装机容量为1000千瓦的海水温差发电站，这就是温差能发电的雏形，即人类利用海洋温差现象，将温差能量转化成电能的最有效、最直接的一种途径。美国还计划在21世纪建成一座100万千瓦的海水温差发电装置，以及利用墨西哥湾暖流的热能在东部沿海建立500座海洋热能发电站，发电能力达2亿千瓦。

一般的温差发电过程都遵循一个有趣的循环过程。

(1) 首先将海洋表层的温水抽到常温蒸发器，在蒸发器中加热氨水、氟利昂等流动媒体，使之蒸发成高压气体媒体。

(2) 再将高压气体媒体送到透平机内，使透平机转动并带动发电机发电，同时高压气体媒体变为低压气体媒体。

(3) 然后将深水区的冷水抽到冷凝器中，使由透平机出来的低压气体媒体冷凝成液体媒体。

(4) 最后将液体媒体送到压缩器加压后，将其送到蒸发器中去，进行新的循环。

在经历以上4个程序的循环转化后，通过温差能发电装置就可实现温差能到电能的转换，实现发电的愿望，从而使得海洋温差能为人类造福。

二、温差能转换，殊途同归

海洋温差能发电可以有很多种形式，根据所用工质及流程的不同，海洋温差能发电系统装置一般可分为开式循环、闭式循环和混合循环，目前接近实用化的是闭式循环方式。

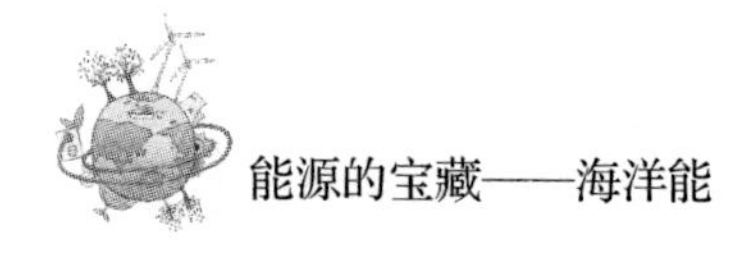

1. 开式循环发电系统

开放式循环发电系统主要由真空泵、冷水泵、温水泵、冷凝器、蒸发器、汽轮机、发电机组等组成。

一般的流程是，真空泵将系统内抽到一定真空，起动温水泵把表层的温海水抽入蒸发器，由于系统内已保持有一定的真空度，所以温海水就在蒸发器内沸腾蒸发，变为蒸汽。

蒸发器内的蒸汽经管道由喷嘴喷出推动汽轮机运转，带动发电机发电。从汽轮机排出的废气进入冷凝器，被由冷水泵从深层海水中抽上的冷海水所冷却，重新凝结为水，并排入海中。

值得说明的是，在该系统中作为工质的海水，由泵吸入蒸发器蒸发到最后排回大海，并未循环利用，故该工作系统称为开式循环系统。

在开式循环系统中，其冷凝水基本上是去盐水，可以用于淡水的供应，但因以海水当工作流体和介质，蒸发器与冷凝器之间的压力非常小，因此必须充分注意管道等的压力损耗，同时为了获得预期的输出功率，必须使用极大的透平（可以和风力涡轮机相比）。

2. 闭式循环发电系统

该系统不以海水作为工质，而是采用一些低沸点的物质（如丙烷、异丁烷、氟利昂、氨等）作为工作流体，在闭合回路中反复进行蒸发、膨胀、冷凝。因为系统使用低沸点工作流体，蒸汽的压力得到提高。

闭式循环发电系统工作时，温水泵把表层温海水抽上送往蒸发器，通过蒸发器内的盘管把一部分热量传递给低沸点的工作流体，例如氨水，氨水从温海水吸收足够的热量后，开始沸腾并变为氨气。

氨气经过汽轮机的叶片通道，膨胀做功，推动汽轮机旋转。汽轮机排出的氨气进入冷凝器，被冷水泵抽上的深层冷海水冷却后重新变为液态氨，用氨泵把冷凝器中的液态氨重新压进蒸发器，以供循环使用。

闭式循系环统的工作流体要根据发电条件（涡轮机条件、热交换器条件）以及环境条件等来决定。现在已用氨、氟利昂、丙烷等工作流体，其中氨在经济性和热传导性等方面有突出优点，很有竞争力，但在管路安装方面还存在一些问题。

闭式循环系统的优点是：可采用小型涡轮机，整套装置可以实现小型化。海水不用脱气，免除了这一部分动力需求。

缺点是：因为蒸发器和凝汽器采用表面式换热器，导致这一部分体积巨大，金属消耗量大，维护困难。

3. 混合循环发电系统

综合两者的特点，人们还会采用混合循环发电系统，该系统基本与闭式循环相同，但用温海水闪蒸出来的低压蒸汽来加热低沸点工质。这样做的好处在于减少了蒸发器的体积，可节省材料，便于维护。

从海洋温差发电设备的设置形式来看，大致分成陆上设备型和海上设备型两类。陆上型是把发电机设置在海岸，而把取水泵延伸到500~1000米或更深的深海处。

例如1981年11月，日本在太平洋赤道地区的瑙鲁共和国修建的世界上第一座功率为100千瓦的岸式热能转换站，即采用一条外径为0.75米、长1250米的聚乙烯管深入580米的海底设置取水口。这种设置形式很有发展前途。

海上设备型是把吸水泵从船上吊挂下去，发电机组安装在船上，电力通过海底电缆输送。

海上设备型又可分成三类，即浮体式（包括表面浮体式、半潜式、潜水式）、着底式和海上移动式。例如，1979 年在美国夏威夷建成的 OTEC 发电装置，即安装在一艘 268 吨的海军驳船上，利用一根直径 0.6 米、长 670 米的聚乙烯冷水管垂直伸向海底吸取冷水。

对于温差能的发电转换过程而言，就像发电厂的各类转换装置一样，其目的只有一个，就是将海水中的温差能量转化成电能。但是要实现这一过程，就要用到不同的转换装置，其中涉及热力学、动力学、统计学、海洋科学等学科的多种原理。

还记得早期的蒸汽机火车吗？虽然这些蒸汽机车“轰隆”的响声和其喷射的白色蒸汽已经成为人们遥远的记忆。但很多人还是依稀记得蒸汽机工作起来要烧掉大量的煤，同时蒸汽机车“喝”下大量的水后产生的蒸汽是整个火车前进的动力。

系统获得蒸汽后就获得了一定的动力，但是循环过程还未结束。这是一个循环发电装置，之所以称作是循环过程，那就意味着体系经过一系列的变化后，又回到原来的状态，这样的变化过程才可称为是“循环过程”。

所以，设计者将从汽轮机排出的废气通过管道系统进入冷凝器，再被由冷水泵从深层海水中抽上的冷海水所冷却，重新凝结为水，并排入到大海中，完成了“大海中的海水—到达系统—转化能量—排入到大海”这一循环过程。

温差能就是在这个过程中，经由不断地循环，转变为电能的。不足的是，海洋温差能电站前期建设成本太高，材料的耐腐蚀性和海洋生物的吸附，以及远离陆地导致的输电困难等是影响温差电站运行的重要因素。

技术发展到今天，温差能电站技术在慢慢地成熟，根据最近的信息，美国军工制造业巨头洛克希德·马丁公司宣布，他们计划在中国南方的滨海地区建造世界上最大的利用海水温差能发电的10兆瓦的离岸电厂，并试图推进这种电厂的商业运营，尝试为海南岛的一处风景区供电，可供数千家庭使用，这一行动意味着长达130多年的人类利用海洋温差能发电的构想正逐步走向现实。

小资料：瓦特与蒸汽机

瓦特的故乡在格林诺克的小镇，这里家家户户都是生火烧水做饭。对这种司空见惯的事情，谁也没有留心过，但是瓦特是个细心的人。有一天，他在厨房里看祖母做饭。灶上烧着一壶开水。开水沸腾起来了。壶盖啪啪啪地作响，不停地往上跳动。瓦特观察了很长时间，他感到很奇怪，猜不透这是什么缘故，就问祖母说是什么玩意导致壶盖不停地跳动呢？

祖母回答说：“水烧开了，自然就会这样。”

但是瓦特没有满足，又追问道：“为什么水开了，壶盖就跳动呢？是什么东西在推动它吗？”

可能是祖母太忙了，没有时间回答他，便不耐烦地说：“不知道。小孩子家刨根问底地问这些问题有什么用呢？”

瓦特受到了祖母的批评，心里很不舒服，但是他并没有灰心。

这样一连几天，每当做饭时，他就蹲在火炉旁边细心地观察着壶盖的动静。起初，壶盖很安稳，过了一会儿，水要开了，发出哗哗的响声。突然，壶里的蒸汽大股大股地冒了出来，推动壶盖跳动了。蒸汽不住地向上冒着，壶盖也不停地跳动着，好像里边藏着个人在用力推动。

瓦特高兴了，他几乎叫出声来，他兴奋地把壶盖揭开盖上，盖上了又揭开，反复进行验证。他还把杯子、调羹挡在蒸汽冒出来的地方。最终，年幼的小瓦特终于明白了，是蒸汽的力量在驱动壶盖跳动，看来，这蒸汽的力量还真是不小呢。

就在瓦特因为发现了其中的奥秘而欢喜若狂的时候，祖母又唠叨开了："你这孩子，怎么这么不知道危险，水壶有什么好玩的，当心烫伤，快给我走开！"

瓦特没有听从祖母的教导，他坚信自己的结论是正确的。

1769 年，瓦特把当时的蒸汽机改造成为动力较大的单动式发动机。后来又经过多次实验改进，于 1782 年完成了新型蒸汽机的试制工作。机器上有了联动装置，把单式改为旋转运动，完善的蒸汽机终于发明成功了。

由于新型蒸汽机的发明，加之英国当时煤铁工业发达,所以英国就成为世界上最早利用蒸汽推动铁制"海轮"的国家。19 世纪，开始海上运输改革，一些国家进入了所谓的"汽船时代"。从此，船只就行驶在茫茫无际的海洋上了。随之而来，煤矿、工厂、火车也全应用了蒸汽机，解除了众多人的繁重的体力劳动，这不能不说是蒸汽机发明的成果。因此，瓦特在世界上享有盛名。

第四节　想说爱你不容易

海洋是世界上最大的太阳能采集器。它每年吸收的太阳能相当于37万亿千瓦时，约为人类目前用电量的4000倍。每平方千米大洋表面水层含有的能量相当于3800桶石油燃烧发出的热量。从最远古起，人类就一直期望能够利用波浪、海流和潮汐表现出来的海洋能。

其中最有希望的是海洋温差发电（OTEC），即利用表层被太阳晒热的海水和海面下300米深处冷海水的温差来发电。这个想法本身十分完美，只是因为海洋温差差异太小，一般仅仅在20度左右，其转换效率也比较低，大约只有3%，而且换热面积大，建设费用高，何况，海洋热能丰富的地区都很遥远，与大陆的输变电变得更加困难等，这些因素使得海洋温差能发电还没有实现大规模的商业化运作，还在积极探索中。

一、温差能发电，已见硕果

辽阔的海洋是一个巨大的“储热库”，它能大量地吸收辐射的太阳能，所得到的能量达60万亿千瓦左右。它又是一个巨大

的“调温机”，调节着海洋表面和深层的水温。海水的温度随着海洋深度的增加而降低。

人类尝试对温差能的利用一直没有停止过，早在1933年，法国的一个实验室里，科学家用30℃的温差带动了一个小型的发电机，甚至点亮了几个小灯泡，虽然这个试验的发电功率不大，但是至少证明了温差能发电是可行的。

受到这个试验的启发，人类陆续建造了几处海洋温差能电站，比如美国在夏威夷修建了一座海洋温差试验电厂，功率为100千瓦。

这个海洋温差能试验电厂既不产生空气污染物，也不消耗核燃料，而且其副产品十分有用：每天7000加仑（31.5吨）味道甘美的淡化海水。

据倡议者称，建立在海岸上或近海处、大部分采用传统零部件的OTEC发电站。能为热带地区提供足够的电力和淡水。美国一家海洋太阳能公司就为印度设计了一座10千瓦漂浮OTEC发电站。另外，在维尔京群岛也有小型OTEC发电站。研究表明，全世界有98个国家和地区可受益于这项技术。OTEC与其他海洋能利用方式相比，具有许多优点。

20世纪70年代，全球能源危机时期得到重视，海洋温差能发电技术取得了一定的进展。近年来的研究更是取得了实质性进展。在热带海洋地区大约有6000万平方千米适宜发展海洋温差发电，利用海洋温差发电将能产生目前世界能源需求几倍的发电量。

目前，美国、印度、日本等国都建有海洋温差发电站。其中，1974年建立的美国夏威夷自然能源实验室是目前全球温差能试验的前沿领袖。

美国工程师设计的一个16万千瓦的海洋温差发电装置，全长450米，自重23.5万吨，排水量达30万吨。夏威夷自然能源实验室研制的250千瓦的温差能封闭式循环电厂通过测试，并投入使用。

最近，美国的一家公司在夏威夷建造了一个1000千瓦的OTEC发电站，是世界上大型海洋热能转换系统之一。

由于海洋能密度比较小，要得到比较大的功率，海洋能发电装置要造得很庞大。而且还要有众多的发电装置，排列成阵，形成面积广大的采能场，才能获得足够的电力。这也是海洋能利用的共同特点。

现在新型的海水温差发电装置，是把海水引入太阳能加温池，把海水加热到45~60℃，有时可高达90℃，然后再把温水引进保持真空的汽锅蒸发进行发电。用海水温差发电，还可以得到副产品——淡水，所以说它还具有海水淡化功能。

一座10万千瓦的海水温差发电站，每天可产生378立方米的淡水，可以用来解决工业用水和饮用水的需要。另外，由于电站抽取的深层冷海水中含有丰富的营养盐类，因而发电站周围就会成为浮游生物和鱼类群集的场所，还可以增加近海捕鱼量。

对于海岛来说，OTEC在很多方面都对中小型岛屿的可持续发展起到了推动作用。海洋温差能为这些岛屿提供廉价的、可再生的能源，节省运送燃料的费用，通过海水淡化为岛上的生活和生产提供大量的淡水，保证人们的饮水安全，合理开发利用能源，缓解环境压力。

海洋温差能是海洋能中能量最稳定、密度最高的一种。海洋温差资源丰富，对大规模开发海洋来说，它可以在海上就近供电，并可同海水淡化相结合，从长远观点看，海洋热能转换是有

战略意义的。

虽然海洋热能开发的困难和投资都很大，但是由于它储量巨大，发电过程中不占用土地、不消耗燃料、不会枯竭，因此实现海洋温差能源的综合利用，是开发利用海洋温差能的发展趋势。

在常规能源日益耗减的严峻形势下，世界各国均投入大量人力和资金，积极进行探索和研究。

总之，由于存在巨大的、多样的资源基础，国内外开发者提出多种设计思想和方案，实现合理利用海洋温差能的目标。地理适宜性、能源需求、发展经济、保护环境等很多方面都对 OTEC 的发展提供了良好的契机，其市场前景十分广阔。

二、尚应利其器

海洋温差能与现在广泛运用的其他能源相比，循环热效率低，因而还不能大规模的商业化运用，属于低品位的能源。经过研究发现，温海水和冷海水的温度差异要在 20℃以上才能利用温差发电，要想扩大温差，只能从深层海洋抽取海水，这样一来，不仅造成投资成本过高，还会使得可以利用的海域面积大幅度减少。因此，怎样扩大海水的温差是利用海洋温差能发电的一个关键。

冷水管也是制约未来海洋温差能发电技术发展的一个瓶颈，冷水管必须要足够结实，以保证它能够长时间使用，冷水管还要有足够的保温性能，以保证冷热海水温度升高的过程中的热交换效率。目前，这些问题还没有得到完美解决。

海洋温差能不能大规模商业化运作的另外一个原因还涉及

到，开放循环系统的低压汽轮机效率太低，使得海洋温差能发电过程中消耗大量的能源。此外，还要考虑自然条件，地理位置，以及输变电距离和成本，风速，海流，海浪等影响海水表面温度稳定的因素也要考虑在内，因为它们都会对装置的整体效率带来直接影响。

另外，海洋温差发电仍是一项高科技项目，它涉及许多耐压、绝热、防腐材料问题，以及热能利用效率问题（效率现仅2%），且投资巨大，一般国家无力支持。但是，由于海洋温差能开发利用的巨大潜力，海洋温差发电受到各国普遍重视。

第六章　太酷了吧，海盐也能发电

苦涩的海水远远不如淡水甘甜，很多人都知道是因为海水内部溶解了很多盐分，因此海水是不能直接饮用的，然而谁可曾想到，居然可以利用海水的盐分来发电！

原来，海水和淡水之间或两种含盐浓度不同的海水之间的化学电位差能，被称为“盐差能”。它是一种以化学能形态出现的海洋能，主要存在与河海交接处，淡水丰富地区的盐湖和地下盐矿也可以利用盐差能。盐差能是海洋能中能量密度最大的一种可再生能源。

第一节　源于盐的奇异故事

世界万物之间，正因为存在着适宜的差异，才产生了绚丽多彩的美丽。相对于水来说，含盐度的不同，让水形成了咸涩的海水和甘甜的淡水。人们可能对淡水情有独钟，因为淡水在地球上只占到总体水量的2.7%，却是各种生命赖以生存的水源；而占到地球上总体水量97%的咸水，却只能让人们“望洋兴叹”，然而，你可知道，当甘甜的淡水和咸涩的咸水相遇时，会发生什么神奇的变化？

一、“死海不死”

在亚洲西部，巴勒斯坦、以色列和约旦交界处，有一个“死海”。远远望去，死海的波涛此起彼伏，无边无际。但是，谁能想到，如此浩荡的海水中竟没有鱼虾、水草，甚至连海边也寸草不生？这大概就是“死海”得名的原因吧。

然而，令人惊叹的是，人们在这无鱼无草的海水里，竟能自由游弋。即使是不会游泳的人，也总是浮在水面上，不用担心会被淹死。真是“死海不死”。

传说在大约2000年前，罗马统帅狄杜进兵耶路撒冷，攻到死海岸边，下令处决俘虏来的奴隶。奴隶们被投入死海，并没有沉到水里淹死，却被波浪送回岸边。狄杜勃然大怒，再次下令将俘虏扔进海里，但是奴隶们依旧安然无恙。狄杜大惊失色，以为奴隶们受神灵保佑，屡淹不死，只好下令将他们全部释放。

其实，奴隶们并不是受到了神灵的保佑，而是因为海水的盐度很高。据统计，死海水里含有多种矿物质：136亿吨氯化钠（食盐），64亿吨氯化钙，20亿吨氯化钾，另外还有溴、锶等。把各种盐类加在一起，占死海全部海水的23%~25%。这样，就使海水的密度大于人体的密度，无怪乎人一到海里就自然漂起来，沉不下去。

按照狄杜和大多数人的逻辑，水自然是能淹死人的，然而他们没有想到的是，水有盐度的差异，这个差异关键时刻可是能救人性命的。

二、“死水”之谜

根据现代科学家的精密计算，在侏罗纪和白垩纪时期，现在的叙利亚和巴勒斯坦还被地中海覆盖的时候，东非大裂谷就已经出现了。后来，巨大的海床隆起，逐渐有了外约旦高地和巴勒斯坦中央山地的地沟，出现了至今世界闻名的“死海”。

具有高溶度盐分的死海中，并没有生物存活，甚至沿岸上的陆地生物都很少见。海水中所蕴含的高溶度的盐类物质还会产生一种粘住航船的奇特现象。

相传在100多年前，有一艘渔船在大西洋西北的洋面上作业。辽阔的海面上风平浪静，船员们撒好了网后，悠闲地坐在一边等待着收网。

此时，船速突然降低了，好像遇到了很大的阻力。船员们有些惊慌，以为遇到了传说中的海怪。因为，这里的水很深，并不会搁浅，也不会触礁。

船长命令开足马力，但渔船的速度如同蜗牛一般。然后，渔船纹丝不动，静静地停在了那里。船员们大惊失色，祈祷上帝能够帮助自己脱离险境。

有些船员实在怕得要命，弃船逃命去了。此时，老练的船长也有些慌了神，他急忙命令船员收网。当网收上来的时候，大家更是惊恐：它被卷成了一根很粗的绳索，像是海底下面有什么怪物要把渔船拖向可怕的深渊。船长随即命令弃网，众人抡起斧头，猛劲地朝渔网砍去，网迅即被砍断了。

可是，这一切措施都无济于事，这艘渔船仍是一动不动地停在那里。不仅船员们感到绝望，船长也感到了绝望，都垂头丧气地坐在一边，等待着被海怪吞噬。

可就在这时，渔船突然开始动了，先是慢慢爬行，接着越来越快，船上的人欢呼雀跃、手舞足蹈地庆祝自己脱离了险境。

几年后，挪威探险家南森无意间发现了这个渔船突然被困住又突然脱离险境的原因。1893 年 6 月，南森率队乘他自己设计的“弗雷姆”（意为“前进”）号船，从奥斯陆港出发。在向西伯利亚进发的途中，8 月 29 日，“弗雷姆”号已经行驶在喀拉海的泰梅尔半岛沿岸。突然，船不动了，“弗雷姆”号也被海水“粘”住了。

顿时，船上一片混乱，船员们惊呼：“死水！我们碰到了死水!”然而，作为探险家的南森却处乱不惊，通过一番细心的观

察，他取得一项重大发现：所谓的“死水”区的海水是分层的，靠近海面处是一层不深的淡水，水下才是咸咸的海水。

为了解开“死水”之谜，南森回国后特意请来海洋学家艾克曼来共同研究探险队带回来的资料。终于，他们弄清了其中的奥秘。

原来，海水的密度常常是各处不同的，密度是由水温和含盐度决定的。如果一个海域有两种密度的水同时存在，密度小的水就会聚集在密度大的海水上面，上轻下重，使海水分起层来。

上下层之间自然形成一个屏障，叫作密度跃层，也就是一个过渡，有几米厚。而一旦上层水的厚度等于船只的吃水深度时，密度跃层上就可能出现“死水”现象。

这时，如果船只速度较低，船的螺旋桨或推进器的扰动不仅会在水面上产生船波，还会在密度跃层上产生内波。这样一来，原来用以克服海水阻力而推进船只的能量，此时完全消耗在产生和维持内波上了，船只失去了前进的动力，就好像“粘”在了海水中一样。

第二节　拿去花，我有的是盐

地球上的水分为两大类：淡水和咸水。全世界水的总储量为 1.4×10^{18} 立方米，其中 97%为分布在大洋和浅海中的咸水。在陆地水中，2.7%为位于江河、两极的冰盖和高山的冰川中的储水，淡水中只有 0.27%才是可供人类直接利用的淡水。海洋的咸水中含有各种矿物和大量的食盐，海洋像是一个巨大的盐罐。

经过研究发现，在淡水与海水之间有着很大的渗透压力差，这个就是盐差能，如果这个压力差能利用起来，从河流流入海中的每立方英尺（约合 0.028 立方米）的淡水可发 0.65 千瓦时的电。而世界上的河水和海水交汇的河流千千万万，淡水和海水日日夜夜都在交汇融合，可以想见，盐差能的储量是多么惊人。

一、日积月累成海洋

人们在海滨浴场沐浴过后，必须进行一次淡水的冲洗，不然海水中大量的盐分在身体表面结出许多盐霜，这主要是由于海水中含有大量的盐类物质。

有资料说，海水中的各类化学元素中，盐所占的比例最大。

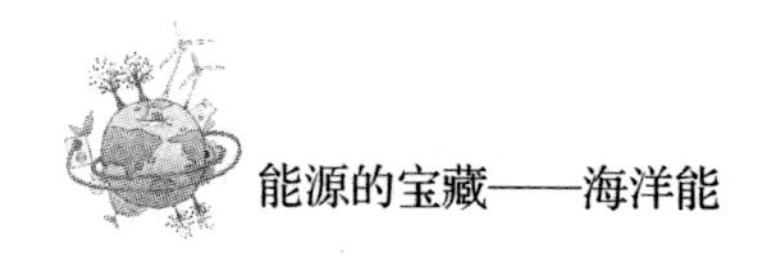

不妨进行这样一个设想：如果将海水中的盐分全部提炼出来铺在陆地上，将会有大约 150 米厚，足足 40 层楼的高度。如果将这些总体积 23000 立方千米的盐丢入北冰洋，将会填平整个洋面，还绰绰有余。

那么，这么巨大量的盐分是怎样产生的呢？

这个看似简单的问题，却让众多科学家意见长期不统一。它几乎同令人望而生畏的“地球海水起源”问题一样，始终是个谜。直到今天，人们对这一问题也没有确切的答案。绝大多数科学家认为，海水中的盐绝对不会是来源于某个单一方面。不过他们强调的重点有所不同。一些人认为，海盐主要是海洋中的“原生物”。在地球刚形成时，有过大降雨和火山爆发。火山喷发出来的大量水蒸气和岩浆里的盐分随着流水汇集成最初的海洋，海水天然地就有了咸味。不过，那时的海水并没有现在这样咸。随着时间的变化着海底岩石可溶性盐类不断溶解，加上海底不断有火山喷发出盐分，海水逐渐变得越来越咸。另外一些人却认为，海盐主要是陆地上河流流向大海的途中，不断冲刷泥土和岩石，把溶解的盐分带到了大海之中。

据估计，全世界每年从河流带入海洋的盐分十分可观。仅美国每年随河川入海的就有 12.25 亿吨被完全溶解的泥土沙石和 5.13 亿吨未完全溶解的悬浮颗粒。而据世界环保组织提供的数据，澳大利亚平均每年每平方千米有 6 吨的土壤流失，欧洲则高达每年每平方千米 120 吨。同时，地表径流每年给大海送去了约 400 万吨的盐分。自开天辟地第一场降雨以来，地球上的土壤和岩石已经经历了数亿年的水流冲刷，大量的矿物质冲入海水，海水必然变得越来越咸。

此外，当海水蒸发时，只是蒸发了海水中的水分，即淡水。

而溶解在海水中的盐分物质则永远地留在了大海中，这样日复一日，年复一年，经过了亿万年的日积月累，海水便慢慢地变咸了。

一些观测结果表明，现在每年经江河带进海中的盐分有 39 亿吨。因此，有的地质学家根据海水中盐分的多少来计算地球的年龄。

另一说法认为最初的海水就是咸的。这是因为一些科学家观测发现雨水中含有氯化镁，他们长期地观测陆地流入海洋河水中盐分的变化，多年观测结果发现海水中陆地的盐分并不是随着时间而增加的。

实际上，这两种说法都有一定道理，很可能把这两种说法合在一起，就是海洋水中盐类的真正来源。

二、盐差能，可观可再生

在淡水与海水之间有着很大的渗透压力差。从原理上来说，可通过让淡水流经一个半渗透膜，然后再进入一个盐水水池，如果在这一过程中盐度不降低的话，产生的渗透压力足可以将水池水面升高 240 米，然后再把水池水泄放，让它流经水轮机，从而提取能量。从理论上计算，如果用高效的装置来提取世界上所有河流产生的这种能量，那么可以获得约 2.6 太瓦的电力。这种能量就是通常所说的盐差能。同时，淡水丰富地区的盐湖和地下盐矿也可以利用盐差能。

全世界海洋中表层盐度主要取决于受气候控制的降水量和蒸发量之差。但盐度分布通常又受局部地区的影响，尤其是在大陆

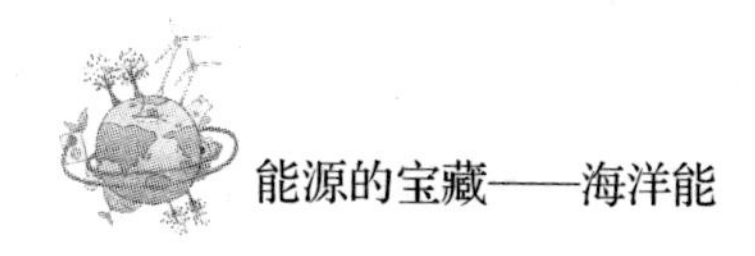

附近。因为在大河口附近淡水的流入，高纬地区冰的融化，都会使盐度减小。

另一方面，在低纬度地区蒸发效应特别显著，所以在那里表层盐度有升高的趋势，尤其是在潟湖和其他一些部分封闭的浅海盆更是如此，因为从邻近区域流入这些地方的水量是有限的。

地中海盐度较大，这是因为这里蒸发量远远超过降水和径流量，并且这些海区与大洋联系很小。如红海，根本无河流径流注入，又极少降水。

而在某些内海，如黑海盐度仅15‰~23‰，波罗的海为3‰~20‰，这是因为这些水域与大洋的主体相隔离，降水和河流的径流量大大超过海面的蒸发量。在有巨量径流入海的大江河口附近盐度有时可低到10‰以下。

以上提到的影响盐度的因素有蒸发、降水、结冰、融冰、径流等，前两者是主要因素，而这些影响因素只作用于海洋表层，所以盐度的极值都出现在大洋的次表层。

各大洋的表层盐度分布较为均匀，太平洋的表层盐度在33‰~36‰，盐度等值线基本沿纬度分布，盐度梯度不大。大西洋表层盐度在33‰~37‰，盐度的纬向梯度略大于太平洋。

中国海域辽阔，海岸线漫长，入海的江河众多，入海的径流量巨大，在沿岸各江河入海口附近蕴藏着丰富的盐差能资源。

据统计，中国沿岸全部江河多年平均入海径流量约为1.7×10^{12}~1.8×10^{12}立方米，各主要江河的年入海径流量约为1.5×10^{12}~1.6×10^{12}立方米。据计算，中国沿岸盐差能资源蕴藏量为3.9×10^{15}千焦，理论功率约为1.25×10^{8}千瓦。

中国盐差能资源有以下特点：

第一，地理分布不均。长江口及其以南的大江河口沿岸的资源量占全国总量的92.5%，理论功率为 0.86×10^8 千瓦。

第二，沿海大城市附近资源最富集，特别是上海和广州附近的资源量分别占全国资源量的59.2%和20%。

第三，资源量具有明显的季节性变化和年际变化。一般汛期4~5个月的资源量占全年的60%以上，长江占70%以上，珠江占75%以上。

盐差能是能量密度最大的一种可再生能源。在世界海洋能蕴藏量中，盐差能能量最大，据估计约有300亿千瓦，可供开发量按1/10计算也有30亿千瓦。美国曾有人估算，若利用密西西比河口流量的1/10去建立盐差发电站，其装机容量可达100万千瓦。或者说每立方米淡水入海，约可获得0.65千瓦时的电力。

淡水总是要汇入海洋，若能利用每日每时不断入海的淡水，即使回收千万分之一的盐差能量，这种可再生能源也是非常可观的。

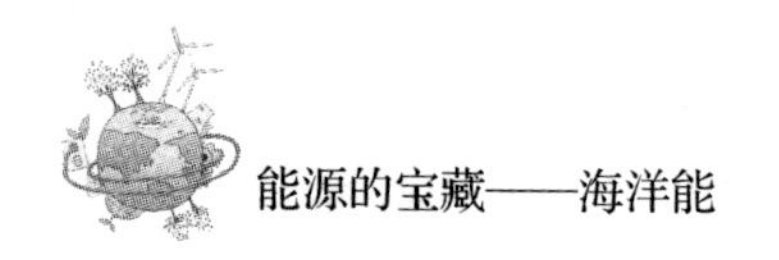

第三节 “隔膜”也是技术活

海洋中的海水与江河中的淡水会产生化学电位差。盐差能发电，一般都是利用浓溶液扩散到稀溶液时所释放出的能量。经过对实践经验的总结，在海洋盐差能发电的技术和方法方面，人们开发出了渗透压法、蒸汽压法、浓差电池法等发电方式。

一、渗透压法

科学家经过周密的计算后发现，在17℃时，如果有1摩尔盐类从浓溶液中扩散到稀溶液中去，就会释放出5500焦的能量来。科学家由此设想：只要有大量浓度不同的溶液可供混合，就将会释放出巨大的能量来。

经过进一步计算还发现，如果利用海洋盐分的浓度差来发电，它的能量可排在海洋波浪发电能量之后，比海洋中的潮汐和海流的能量都要大。具体主要有渗透压式、蒸汽压式和机械-化学式等，其中渗透压式方案最受重视。

渗透压法，利用半透膜两侧的渗透压，将不同盐度的海水之间的化学电位差能转换为水的势能，使海水升高形成水位差。然后，利用海水从高处流向低处时提供的能量来发电，其发电原理及能量转换方式与潮汐能发电基本相同。

渗透压法的发电系统的关键技术是半透膜技术和膜与海水界面间的流体交换技术，技术难点是制造有足够强度、性能优良、成本适宜的半透膜。

按具体实现方式，渗透压法还可分为强力渗透压发电、水压塔渗透压发电和压力延滞渗压发电几种类型。

强力渗压发电系统是在河水与海水之间建两座水坝，并在水坝间挖一个低于海平面约 200 米的水库。前坝内安装水轮发电机组，并使河水与水库相连。后坝底部则安装半透膜渗流器，使水库与海水相通。

水库的水通过半透膜不断流入海水中，水库水位不断下降。这样，河水就可利用自己与水库的水位差冲击水轮机选装，并带动发电机发电。

强力渗压发电系统的投资成本要比燃煤电站高，还存在技术上的难点，其中最难的是要在低于海平面 200 米的地方建造一个巨大的电站，能够抵抗腐蚀的半透膜也很难制造。因此，发展的前景不是很大。

在水压塔与淡水间用半透膜隔开，并通过水泵连通海水。系统运行前，先由海水泵向水压塔内充入海水；运行中，淡水从半透膜向水压塔内渗透，使得水压塔内海水的水位不断上升，从塔顶的水槽溢出，溢出的海水冲击水轮机旋转，带动发电机发电。

在运行过程中，为了使水压塔内的海水保持一定的盐度，海水泵要不断向塔内注入海水。根据实验结果显示，去除各种动力消耗后该装置的总效率为 20%。

在设计建造水压塔渗压系统时，可以让海水经导管流出，使得具有一定势能的海水更好地推动水轮机转动。发电量的大小取决于海水导管的流量和水位，导管的流量又取决于淡水渗透过半透膜的速度。

在发电装置输出的能量中，有一部分能量会消耗在装置本身上。比如海水泵所消耗的能量、半透膜进行洗涤所消耗的能量。预计此装置的总效率可达 25%，比如每秒渗入 1 立方米的淡水，就可以得到 500 千瓦的电力输出。

若想把此种盐差能发电方式要投入使用，还需要克服一些困难。毕竟，建设几千米或几十千米的拦水坝和 200 多米高的水压塔，是一项巨大的工程。而且，若期望得到 1 万千瓦的电力输出，就必须制造出 4 万平方米的半透膜。但是，制造出承受 2 兆帕渗透压的半透膜，仍是非常困难的事。

如果要求半透膜的高度为 4 米，那么它的长度就要达到 10 千米，相应的拦水坝就将超过 10 千米，必须投入巨大的资金才能满足这些要求。

压力延滞渗压发电系统运行前，压力泵先把海水压缩到某一压力后进入压力室。运行时，在渗透压的作用下，淡水透过半透膜渗透到压力室同海水混合，渗入的淡水部分获得了附加的压力。与海水相比，混合后的海水和淡水具有较高的压力，就可以在流入大海的过程中推动涡轮机做功。

压力延滞渗压发电系统是以色列科学家西德尼·洛布于 1973 年发明的。1973 年，洛布和美国太阳能公司在密歇根州沃伦市和弗吉尼亚州做了大量的试验。当时估算采用这种压力延滞渗压式的装置，发电成本高达每千瓦时 0.3~0.4 美元。而且严重缺乏有效的半透膜，这样会造成投入与收获的严重失衡。

后来，欧洲的卡夫公司开始从事压力延滞渗压发电的研究。

不久，卡夫公司展开了世界上第一个重点发展压力延滞渗压技术的项目。当时半透膜技术得到了提高，使其寿命提高了 4 倍，性能由初始的 0.1 瓦/米 ^{2} 提高到了 2.0 瓦/米 ^{2}，最高可达到 5 瓦/米 ^{2}。

卡夫公司预计到 2015 年，新的压力延滞渗压发电系统的发电成本将会降到每千瓦时 0.03~0.04 美元，届时压力延滞渗压发电既可投入商业运行，又可以同其他可再生资源（如生物能、潮汐能）竞争。

二、蒸汽压法

蒸汽压发电装置外形似是一个筒状物，它由树脂玻璃、定压控制通气模式（PCV）管、热交换器（铜片）、汽车轮、浓盐溶液和稀盐溶液组成。

由于在同样的温度下淡水比海水蒸发得快，因此，海水一边的饱和蒸汽压力要比淡水一边低得多。在一个空室内，蒸汽会很快从淡水上方流向海水上方，并不断被海水吸收，这样只要装上汽轮机就可以发电了。

由于水汽化时吸收的热量大于蒸汽运动时产生的热量，这种热量的转移会使得系统工作过程减慢而最终停止。采用旋转筒状物使海水和淡水分别浸湿热交换器（铜片）表面，可以传递蒸汽化所要吸收的潜热。这样，蒸汽就会不断地从淡水一边流向一边以驱动汽轮机。

试验表明，这种装置模型的功率密度（表面积为 1 平方米的热交换器所产生的功率）为 10 瓦/米 ^{2}，是浓差电池发电装置的 10 倍。

蒸汽压发电显著的优点在于并不需使用半透膜，但发电过程中需要消耗大量的淡水。

三、浓差电池法

浓差电池法，是化学能直接转换为电能的形式。有人认为，这是将来盐差能利用中最有希望的技术。

浓差电池也称为渗透式电池、反电渗析电池。浓差电池由阴阳离子交换膜、阴阳电极、隔板、外壳、浓溶液和稀溶液等组成。

一般要选择两种不同的半透膜，一种只允许带正电荷的钠离子自由进出，一种则只允许带负电荷的氯离子自由出入。电池利用带电薄膜分隔的浓度不同，使溶液间形成电位差。阳离子渗透膜和阴离子渗透膜交替放置，中间的间隔交替充以淡水和盐水，钠离子透过阳离子交换膜向阳极流动，氯离子透过阴离子交换膜向阴极流动。阳极隔室的电中性溶液通过阳极表面的氧化作用维持，阴极隔室的电中性溶液通过阴极表面的还原反应维持。

由于该系统需要采用量的价格昂贵的交换膜，因此发电成本很高。但这种离子交换膜的使用寿命长，即使交换膜破裂，也不会给整个电池带来严重影响。例如，300 个隔室组成的系统中有一个膜损坏，输出电压仅减少 0.3%。

另外，由于在发电过程中电极上会产生氯气和氢气，可以帮助补偿装置的成本。

荷兰可持续用水技术研究中心（Wetsus 研究所）对海水反电渗析发电进行了研究，对几种不同浓度溶液分别进行了试验。

试验结果显示，该装置发电的有效膜面积是总膜面积的80%，膜的寿命为10年，反电渗析发电的最大能量密度（单位面积膜产生的功率）为460毫瓦/米^2，装置投资为每千瓦时6.79美元，其中低电阻离子交换膜非常昂贵。

使发电渗析发电无法顺利商业化的原因，不仅在于昂贵的交换膜。更在于运行中所面对的许多未知因素，比如生物淤塞、水动力学、电极反应、膜性能和对整个系统的操作等。为了能使发电渗析发电装置运行正常，就必须对这些未知因素进行深入的研究。

浓差电池还可采用另一种形式，即在一个U形连接管内，用离子交换膜隔开，一端装入海水，另一端装入淡水。然后，两端插入电极，使其产生0.1伏的电动势。因为淡水的导电性很差，为了减小电池内阻，淡水中需要适量混合一些海水。

虽然浓差电池的原理并不复杂，试验也获得了不小的成功。但若想把试验成果运用到实际中，却仍需要克服更多的困难。

对盐差能的开发与利用，正处于原理研究和试验阶段。与其他海洋能相比，盐差能的开发比较晚，技术并不成熟，但是具有很大的潜能。

第七章　中国梦，海洋梦

世界常规能源正在面临着耗尽的危机，作为新能源，海洋能是一项亟待开发利用的具有战略意义的新能源。海洋能的总量很大，理论上可以部分或者全部满足全世界人们的能源需求：目前海洋能的全球储量初步估计高达 1500 亿千瓦。更重要的一点是，开发海洋能不会产生废水、废气，也不会占用大片良田，更没有辐射和污染。因此，海洋能也被称为 21 世纪的绿色能源。

要实现中华民族的伟大复兴，要实现中国梦，中国就必须成为海洋强国。

中国近 30 多年来在海洋能的开发利用方面取得了较大的发展，但由于经济实力和科技投入的不足，与世界先进水平相比，仍有很大差距。为此，我们要认真研究世界海洋能开发利用的现状和发展趋势，总结我国已取得的成绩和存在的问题，提出对策建议，探讨我国海洋能开发利用的发展战略。

第一节　抢先开发海洋能

全世界的海洋能贮量极其巨大，其中潮汐能约 27 亿千瓦，波浪能约 25 亿千瓦，海流能约 50 亿千瓦，温差能约 20 亿千瓦，盐差能约 26 亿千瓦。此外，海面上还有更为丰富的太阳辐射能和风能资源可予利用。因此，有人把海洋称为“蓝色的油田”。

世界各国都在抢先开发海洋能，并将它置于国家战略的高度。

一、海洋关乎生存

海洋被誉为生命的摇篮、风雨的故乡、五洲的通道、资源的宝库，对人类的生存与发展具有极其重要的作用。

600 多年前，我国著名航海家郑和就清醒地认识到海权的重要性。“欲国家富强，不可置海洋于不顾。财富取之海上，危险亦来自海上。”“一旦他国之君夺得南洋，华夏危矣。”

孙中山先生也针对海洋留下了警世之言：“太平洋问题，实则关乎我中华民族之生存，中华国家之命运。”他认为列强争夺太平洋就是争夺中国的门户权，“人方以我为争，我岂能置之不知不问乎”。

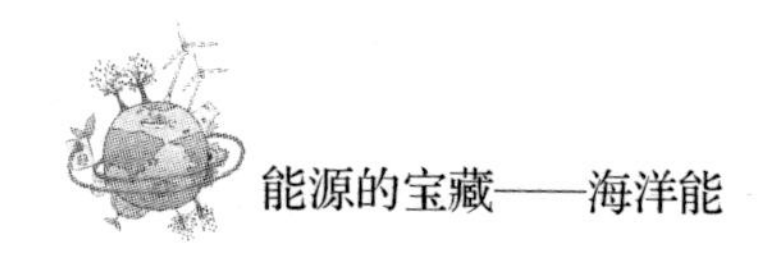

美国著名学者马汉在20世纪初就说过："谁控制了海洋，谁就控制了世界。海权包括凭借海洋或通过海洋能够使一个民族成为伟大民族的一切东西。"

美国总统肯尼迪也说："控制海洋意味着安全，控制海洋意味着和平，控制海洋就意味着胜利。"

在人类历史长河中，海洋对社会文明的发展进步起着极其重要而深远的影响。

人类海洋观实现了第一次质的飞跃，海洋由人们望而生畏的天堑一举变为连接世界的"伟大通道"。海洋成为资本主义向外殖民扩张，积累原始资本的主要途径，控制海上运输线就意味着在一定意义上控制了世界财富的流向。海洋对于人类社会进入工业文明起了重要的促进作用，成为决定国家民族兴衰存亡的关键因素。

近代史上，葡萄牙、西班牙、荷兰、英国等欧洲海洋国家先后崛起，通过建立海上霸权并疯狂地掠夺殖民地而成为强盛一时的世界强国。工业文明在全球的传播进程宣告完成后，世界各国不断加速现代化建设。

当今的人类社会普遍面临着人口、资源、环境三大危机，尤其感觉到资源短缺的压力。随着现代科学的发展和海洋调查技术的进步，人类发现海洋是一个取之不尽、用之不竭的资源宝库。

据统计，海洋中生物资源总量高达400亿~600亿吨，有信息可查的生物物种达18万种之多，是陆地物种的3倍，能够为人类提供1000倍于现有耕地所能提供的食物，是未来人类摄取蛋白质的主要来源。

海洋中矿产资源总量丰富，金，银、铜、铀、钴、镍、锰和稀有元素的储量分别为陆地探明储量的数十倍至7000倍不等。

海洋中蕴藏着丰富的石油、天然气、煤炭和可燃冰等矿物能源，海洋中的潮汐、温差、波浪等可再生能源达1500亿千瓦。

一旦受控核聚变技术开发成功，1升海水中提取出来的氘就能提供相当于300升汽油的能量。届时，人类将一劳永逸地摆脱能源匮乏的困扰。

1982年《联合国海洋法公约》公布前后，世界濒海国家在全球范围内掀起了声势浩大的“蓝色圈地运动”，许多国家尤其是发展中国家都将管辖海域与经济发展直接联系，以海洋产业作为国家经济腾飞的翅膀，更是使得海洋的战略地位空前提高。

世纪之交，人类社会开始由工业文明迈向信息文明，全球化进程不断深入发展，人类海洋观再一次飞跃。人们审视海洋的价值作用超越了传统的单一视角，认识到海洋既是用之不竭的资源宝库，又是国际政治、经济和军事斗争的广阔战略空间。

海洋在21世纪担当着全球化纽带、可持续发展资源库和国际战略竞争舞台的复合角色，日益成为信息社会和知识经济时代提高综合国力和争夺战略优势的新领域和重要制高点。从政治角度看，海洋是世界单极与多极斗争格局中增强大国的战略地位与政治资本。

从经济角度看，在经济全球化过程中大国经济主要是外向型经济，对外经济贸易在国家经济中占有举足轻重的地位。海洋产值在国家GDP中所占的比例不断提高，海外市场、海外资本、海外资源对一国的经济意义日益增强。

当前，全球贸易有90%以上的运输量是通过海洋完成的，全球消费的石油25%直接来自海洋，海上运输的石油占全球消费量的50%以上。

同时，海洋也是开展科学研究的天然实验室和发展科技的广

阔舞台。海洋技术是当代公认的六大高技术群之一，而且是唯一能涵盖其余五大高技术群的综合性高技术群。海洋技术对于牵引、提升一国的总体科技水平具有重要作用。

从军事角度看，世界局部战争和武装冲突有增无减，战争形态发生了剧烈变化，海洋是军事强国进行前沿部署，利用技术差打非对称、非接触高技术战争的重要作战空间，同时是濒海国家实行防御的重要战略方向。

从人类前途来说，海洋不仅关乎人类目前的生存状况，它以丰富的资源储备，还保障着人类的明天。

二、开发海洋资源

生命起源于海洋，人类繁衍于陆地。今天，陆地资源短缺日益短缺，人类又把解决问题的希望转向了海洋，发出了“重返海洋”“21 世纪是海洋世纪”的呼声。

人类重返海洋、开发海洋，一般认为主要是从五个方面进行的。

第一，海洋生物资源开发，首先是发展海洋牧场。现代科学技术越来越多地应用到捕捞业中，在使捕鱼效率明显提升的同时，也导致了天然渔业资源的衰竭。因此，各个濒海国家都非常注重海洋牧场的开发，即用人工繁育的鱼苗，在人为创造的舒适环境中进行中间培养，然后再放到海水中，任由它们摄取海水中的天然饵料或其他生物来生长，最终科学合理地进行捕捞，这种做法使海洋渔业由传统的捕捞型转向养殖型的现代化海洋牧场方向发展。

其次，生物工程技术为改善海产品的质量作出了巨大的贡献。例如用重组 DNA 技术生产的生长激素，使鱼的体重比天然生长的同品种的鱼类增加了近一倍，使牡蛎、蛤、扇贝、贻贝和鲍鱼的产量增加了 25%。

第三，海藻也将成为未来“海洋食品农业”的重点。1 公顷的海洋洋面养殖的海藻，经过加工可提取 20 吨蛋白质，相当于陆地上 40 公顷耕地所产的大豆的蛋白质的量。从这个方面来讲，海洋可以看作人类的“第二粮仓”。

第四，海洋也能生产药物。科学家们通过对多种海洋动物、植物和微生物进行分析究，分离出数千种活性药物成分，它们的特异化学结构是陆生生物所不具备的，其中许多化合物在抗癌、抗病毒、抗放射性、抗衰老、抗心血管病方面显示了其独特的功效。因此，探索海洋生物，向海洋索取新药、特药，已成为全球医药界和科研界的共识。

第五，海洋还蕴含着数量庞大的矿物资源。世界海洋矿产开发中最重要的组成部分是海洋油气，其产值占海洋开发总产值的 70%以上。到 20 世纪 90 年代，世界上已有 50 多个国家和地区进行海洋石油开采，年产量占世界石油产量的 30%左右。同时，海上天然气产量已占天然气总产量的 20%以上。

此外，滨海沙矿的开采价值仅次于海洋矿产资源，目前已开发利用的滨海沙矿主要有金刚石、金、铂、锡等金属、非金属、稀有和稀土矿物等数十种。大洋多金属结核也是海洋矿产资源中的潜在宝库，它的总储量据估计有 3 万多亿吨，其中，锰、镍、铜和钴等主要金属的含量是地壳中平均含量的 300 多倍。目前，各国正在集中力量研制深海潜水器、水下居住舱及海底采矿装置，为进一步利用这些储量丰富的金属资源做准备。

最近一段时间，海底多金属结核的商业性开采逐渐大规模地展开。同时，对海洋底部天然气水合物即可燃冰的开发利用也提上了日程。人类利用海底可燃冰作燃料的时代很快就会到来。

据专家估计，世界海洋能包括潮汐能、温差能、盐差能、海流能和波浪能的蕴藏总量高达750亿千瓦。由于这些能源具有可再生性、永恒性、无污染、分布广、数量大等优越性，许多国家都投入大量人力、物力、财力进行研究与开发，以求得到更好地利用。

从目前水平看，海洋能之中开发技术最成熟的是潮汐能，正在转向实用化并具有一定的商业运作能力。很多国家已建成一批一定规模的潮汐能电站，如法国朗斯潮汐电站、俄罗斯基斯洛潮汐电站、我国的江夏潮汐电站等都是人类利用潮汐能的设施。另外，波浪能技术也逐渐走向成熟，日、美、英、加等国进行了不少国际合作，作过很多波浪能发电试验，挪威曾建造500千瓦和350千瓦的波能电站，我国也已在导航灯标上推广使用小型波浪能发电装置。

但是，海洋温差发电、海流能和盐差能利用与开发有待进一步加强。目前只是小范围的海水综合利用，主要是将海水淡化，比如科威特、沙特阿拉伯、美国、日本等都把淡化海水作为解决淡水不足的主要办法。特别是科威特，淡水几乎全由海水淡化供应。海水淡化，以前主要采用蒸馏法，渗透膜、分离膜淡化及太阳能蒸馏法等也是近年来发现前景不错的技术。

海水中溶解着近80种元素，陆地上的天然元素在海水中不仅几乎都存在，而且有17种元素是陆地上所稀少的。其中，人们已经能够通过现代技术对海水中溶解的卤素以及镁、钾等资源进行提炼制备。预计在未来，对海水中大部分资源利用的研究将取得新的突破性进展。

海洋空间也是一项资源，在世界上各种方式的运输中，海上运输起着相当主要的作用，海洋为就像人类无数条不用维修的天然的“铁路”。不仅承载了联通各个大洲的船舶，而且成本低、运量大，例如，超级油轮的容量可达 50 万吨以上，当它以 15 海里/时的速度在海上航行时，相当于 1 万节火车皮所装载的货物，高速在铁轨上运行。

不仅如此，海洋还可以为人类提供不限量的生活和生产空间，比如海上人工岛、海上工厂、海上城市、海上走廊、海上牧场、海上机场、海上油库、海上公园等。科学家预测，21 世纪末，将有十分之一的人口移居到海洋上面生活，届时，海洋上也会形成和陆地上一样的城市。

此外，广阔的海底空间也能为人类带来不少便捷。人类可以在海底铺设电缆、建设海底隧道、进行水下航行、海底输油管道等。

由上文看出，21 世纪将是海洋的世纪，这句话非常准确。既然海洋对于人类的意义如此重大，无论是生存意义还是战略意义，任何濒临海洋的国家几乎没有任何理由不去利用这些丰富的资源，拥有更多的海洋权益成为每个沿海国家的终极目标。

三、当今世界的海洋之争

正因为海洋有如此巨大的战略价值，所以世界各国都在不遗余力地抢占海洋。

美国是当今世界上最强大的海权国家，它的利益是全球性

的，它的海军游弋于全世界。中美关系如何发展，是影响中国海洋战略环境的最为重要的因素。

日本是地区性海上强国，也是一个传统的海权国家，在冷战后提出了攻势防卫的战略，突出了战略主动性与进攻性。主要体现在：扩大了外部威胁的范围，将朝鲜、中国、俄罗斯列为其潜在威胁，并加强了针对中国的兵力部署，扩大了日本海上自卫队的防卫范围，其防卫范围包括整个亚太地区，作战指导思想为海上歼敌。作战海域，20 世纪 70 年代为 200 海里，80 年代为 500 海里，后来又升为 1000 海里，南海、印度洋、波斯湾均有可能成为其作战海域。

印度政府深受马汉海权论的影响，一直大力发展海上力量，注重对印度洋制海权的争夺。在 20 世纪 80 年代，全面推行印度洋控制控制战略。印度 21 世纪的海洋战略目标定为保持对印度洋地区国家的绝对的军事优势，阻止区域外大国向印度洋地区的渗透。

20 世纪 90 年代以来，印度力图以控制印度洋为基础。向东，将其海上力量活动范围扩大到南海和太平洋边缘；向西，穿过红海和苏伊士运河，濒临地中海；向南，将远洋兵力前伸到印度洋最南端，甚至绕过好望角达到大西洋。

我国由于海洋观念的淡薄和种种历史遗留问题，在中国主权范围内的海洋领土遭受到了周边国家的侵犯，主要有南沙问题、西沙问题及中日钓鱼岛之争等。其实，在现在资源和能源日趋紧张的背景下，不仅中国和周边国家存在资源和能源争夺现象，世界各地的海洋权益纷争也是此起彼伏。

1. 俄日领土之争

南千岛群岛，或称北方四岛，是指日本北海道与俄罗斯千岛群岛之间的国后岛、择捉岛、齿舞岛、色丹岛四岛。它们是千岛群岛中的 4 个面积比较大的岛屿，总面积 4994 平方千米。据历史记载，日本对北方四岛的领有关系在 1855 年就已得到确认。

1945 年 2 月 4 日，盟国方面在苏联的克里米亚签订《雅尔塔协定》，商定将库页岛南部及全部毗连岛屿归还苏联，其中包含千岛群岛。

1945 年 7 月 26 日，苏、美、英三国发表《波茨坦公告》，促令日本无条件投降，规定日本主权将限于日本本土及盟国所决定的其他小岛之内。

1945 年 8 月 8 日，苏联履行在雅尔塔会议上的诺言，宣布对日作战，并迅速出兵中国东北、库页岛及千岛群岛。至当年 8 月底 9 月初，占领了整个千岛群岛。

1946 年 2 月，苏联单方面宣布将千岛群岛、库页岛南部、齿舞岛、色丹岛并入苏联版图，日本朝野对此不予承认。

1956 年 10 月 19 日，苏联与日本在莫斯科签订联合宣言，苏联同意在缔结和平条约后，把北方四岛中的齿舞、色丹两岛交给日本。

随着苏联的解体，俄罗斯继承苏联的衣钵，与日本方面关于北方领土问题的争端日益突出，现已成为影响两国关系发展的主要障碍。北方领土问题虽然主要是历史上遗留下来的领土问题，但是实质上也关系到人们未来的生存空间的问题和海洋资源的问题。

2. 里海之争

里海是世界上面积最大的咸水湖，位于亚洲中部，它的战略地位十分重要。里海是一个面积巨大的跨越国界的水体，其法律地位至今一直没有最终确定下来。近年来，里海地区又发现了储

量丰富的石油和天然气资源。

初步估计，这个地区的石油储量在1500亿至2000亿桶之间，大约占世界石油总储量的8%，虽然总量与波斯湾没有办法相比，但已经算得上是一笔巨大的财富，堪称“第二个北海”。因此，这个发现更引起了里海周边国家的极大关注，甚至连美国也因种种利益问题想要插足这一地区。所以，沿岸国家对里海的划分一直存在不同意见。争论的焦点就是“分”与“不分”，以及怎样划分。

阿塞拜疆主张把里海水域和水底依照一定原则划分给沿岸各国家，并提出了划分方案，它是最先提出对里海进行划分的。作为技术和能源大国的俄罗斯则主张保持里海现状，实行资源共享、共同开发的原则。其余沿岸国家或者主张划分，或者偏向俄罗斯一方，经过不停地争吵、谈判、协商，俄罗斯与哈萨克斯坦和阿塞拜疆通过签署双边协议，初步达成了一致意见，而土库曼斯坦和伊朗则要求各自开发，它们认为对里海资源享有独自的主权。

随着里海海域划分谈判艰难地进行，以及石油资源日益枯竭，为了争取到巨大的利益，里海周边各个国家都留有后手，纷纷加强本国的“海上存在”，极力加强或筹建自己的海军。使得这一地区的局势紧张起来。

2014年，里海沿岸五国元首签署有关里海法律地位问题的联合政治声明，达成五国合作基本原则的政治声明，符合各方的长期利益。

3. 日韩独岛（竹岛）之争

独岛（竹岛）之争是韩日两国关系之间最为敏感的问题之一。这一小岛位于日韩两国之间，距离两国海岸都是140海里。

按韩国提供的资料，在朝鲜半岛历史上，早在新罗王朝时期就有这个岛屿的记录。朝鲜王朝成宗时（公元1471年至1481年），岛屿叫芋山岛，属于郁岛郡管辖。

而日本方面的记载说，在宽文七年（公元1667年），日本渔民发现了这两个岛屿，编入了日本岛根县。

1956年，李承晚政府派出海上警察守备队上岛。之后，韩国在该岛常年派驻几十名武装警察，同时配置了驱逐舰、快艇、直升机，随时戒备日本渔船和海军舰艇。韩国政府为方便船只靠岸停泊，在该岛兴建永久性的码头。而日本从来也没有放弃过对该岛主权的声明。

2002年，日本当局批准了声称该岛在历史上是日本领土一部分的新版高中教科书，这招致了韩国的反对。

2004年1月，韩国邮政服务部门在其网站上发表的一份声明中说，邮政服务部门计划在1月16日开始发行以这一岛屿原生花鸟为图案、以“独岛的自然风光”为标题的一套4枚版邮票。独岛（竹岛）之争再起。

小资料：日本的海权意识

在日本海上霸权崛起的过程中，形成了日本海洋扩张的战略思想，对后来日本海军的建设和作战产生了极大的影响。日本海军战略思想的核心是制海权思想，其基本特点是进攻性、侵略性和扩张性。

制海权对于日本有着特殊的意义，早在公元7世纪，中日之间就爆发了白树江海战，使日本人认识到控制海上权力对陆上作战的重要性。

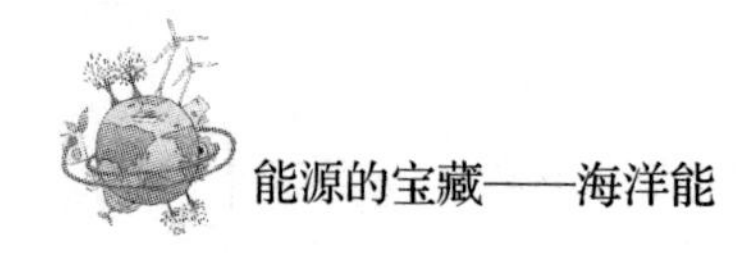

16世纪末期，被称为日本海军创始人的丰臣秀吉通过夺取和控制制海权统一了全国。此后，丰臣秀吉进攻朝鲜失败的一个重要原因便是没有掌握制海权。

这一教训使日本认识到：确保制海权是大陆作战的先决条件。也是这一认识，导致了日本海军未来的畸形发展。

明治维新后，日本出于对外侵略扩张的需要，不遗余力地发展海军。与此相适应，日本海军开始学习和借鉴西方尤其是英美的海战理论，并结合日本的历史传统，以及海军建设和海战实践，探索具有本国特色的海战理论特别是制海权理论。其中，美国著名海军战略理论家马汉的战略思想对日本海军战略思想的形成和发展产生了极大的影响。

马汉于1892年出版《海权对历史的影响》一书，极力鼓吹海上权力学说，声称获得制海权或控制了海上要冲的国家就掌握了历史的主动权。日本很快接受了这一思想，并以此指导日本的海军建设和筹划对外侵略战争，迅速成为海洋大国。

如果说当时的日本争夺海洋是为了称霸世界的话，今天各国对海洋的觊觎就又多了一层目的，那就是海洋里所蕴含的丰富的海洋能。在陆地资源日益枯竭的现在，只有通过广泛开发利用海洋能，才能够比较彻底地解决未来经济社会发展的后顾之忧。

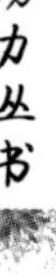

第二节　中国海洋战略

“十八大”报告中明确指出中国海洋战略为：“提高海洋资源开发能力、发展海洋经济、保护海洋生态环境、坚决维护国家海洋权益、建设海洋强国。”

在维护海洋权益上，我们面临的重大挑战是：海洋国土长久以来被周边国家蚕食，我们合理的海洋权益无法得到保障。所以，中国需要大力捍卫海洋领土，并在此基础上，从战略上提高对海洋能的研究和利用。

一、建设海洋强国，中华民族复兴的必由之路

“谁控制了海洋，谁就控制了世界。”郑和下西洋的年代，中国是世界上的海洋强国，也是世界经济强国。

今天，中国正式向世界宣称中国将成为海洋强国，“十八大”报告中明确指出我们今后的发展方向：“提高海洋资源开发能力、发展海洋经济、保护海洋生态环境、坚决维护国家海洋权益、建设海洋强国。”

21 世纪被人们称为海洋的世纪，因此，重视海洋的开发、

利用、安全，关系到每个国家的利益和长远发的发展规划，海洋经济甚至成了全球经济发展的盛宴。

我国人口众多，人均土地及各种自然资源匮乏，海洋之于我国的意义，相比其他国家更加重要。成为海洋强国已是成为我国实现强国之梦及中华民族复兴必不可少的条件之一。

当前，中国对资源和能源的需求日益增强，而海洋蕴含的资源和能源超乎想象。作为一个能源消耗大国，尚未开发利用的海洋资源对我国的发展具有极为重大的意义。

另外，根据相关数据，我国钓鱼岛海域的石油储量之大堪称“第二个中东”。除了石油，这些海域中埋藏着大量的锰、钴、镍、天然气，以及其他矿物和渔业资源。毫无疑问，中国在近海域资源的充分开发将可能令中国从一个依赖能源进口的国家转变为资源大国。

在中国经济面临结构调整的挑战的时候，海洋经济无疑将成为未来我国经济发展的新增长点。海洋经济也因为其巨大的增长潜力，受到越来越多的关注。

不过，维持海洋领土主权已日益成为我国面临的最紧迫的问题。随着全球资源供应日渐紧张，资源消耗日益加大，资源丰富的中国临近海域也成了各个国家争夺最为激烈的地区。除渤海外，黄海、东海和南海都需要按《联合国海洋法公约》与邻国进行划分。由于以前我国海洋权益意识淡薄，导致很多蓝色国土被其他国家侵占，根据《联合国海洋法公约》，一个国家的专属经济区是从该国大陆架延伸 200 海里范围内，或两国之间正中线的范围内。中国大约有 120 万平方千米的海洋国土处于争议中。在东海海域，钓鱼岛便是中国与日本如今的争论中心。

此外，在南海，中国也与越南、马来西亚、菲律宾等邻国有着关于南沙群岛的领土纠纷。究其原因，主要还是资源和能源问题。

无论与周边国家有怎样的纠纷，其关键还在于海洋有丰富的资源和能源，是可供人类未来发展的基础。因此，在随时会因为领土问题和资源问题擦枪走火的时候，我国有必要加强海上力量。

目前，中国海军也能够远航各大洋,出访各个国家，进行远洋护航,打击海盗。这支力量初步发挥了维护地区安全和经济发展的作用。但是我国面临的国际挑战也是巨大的，美国的“重返亚太”战略就是对中国日渐发展的海洋战略的回应。

无论外界风云如何变幻，向蓝色国土进军，利用海洋能源，建设海洋强国，已成为当今能源危机的大背景下，世界发展的趋势。目前最紧迫的任务是，我国怎样才能在这个海洋权益争夺博弈愈演愈烈的国际社会找到一条最为适合的发展之路。因为谁都明白：谁控制了海洋，谁就能控制世界。

二、强化海洋意识，捍卫海洋领土

在越来越注重海洋发展的21世纪中，若是没有利用好海洋的资源和能源，就等于失去了未来竞争中的一个重要筹码。由于种种历史和现实的原因，我国命脉所系的蓝色疆土正受到某些国家的侵扰，我国海洋权益正面临严峻的威胁和挑战。

在当前的形势下，捍卫海洋领土，已然成为国家发展的重要战略。海洋战略防御和深度开发，已经成为近年国际战略研究领域的一个重要方面。同样，我国的现代化建设也离不开海洋。虽

然我国由于历史原因，海洋意识淡薄，错失了开发海洋的最佳时机，在海洋权益问题上，和周边国家也有一些争议，但是捍卫海洋领土是我们的责任。

要想更好地捍卫海洋领土，需要强化海洋意识，加快开发利用海洋能，当然，现代化的海军也是捍卫国家海洋领土的有效力量。海洋与海上军事力量是保卫海洋这个能源宝库的最有效手段。

大致而言，中国的海洋战略环境包括三个层次：一是边缘海环境。二是岛链的封锁与突破。三是对中国国家利益有重大影响的海军强国的态度。这些环境因素是相互关联的，在内容上有一定的交叉，程度上没有主次之分。

边缘海，是位于大洋边缘，濒靠大陆，由半岛、岛屿或群岛分隔，但水流与大洋交换通畅的领域。

太平洋西部有一串岛链，划出了这样一片水域，除了渤海完全属于中国内海外，自北向南，与中国大陆毗邻的边缘海有日本海、黄海、东海和南海，其中，又以后三者与中国的发展和崛起联系最为紧密。

首先，中国大陆附近的边缘海部分海域本身就构成了中国国土的一部分，即海洋国土。其次，这些海域及海域中属于中国领土的岛屿是中国大陆和太平洋、印度洋之间的中间地带，为中国海上交通的延伸，起着缓冲和桥梁的双重作用。

最后，在区域经济一体化的地缘经济格局中，这些海域及岛屿扮演着物流通道和利益据点的双重角色，战略利益十分重要，中国人要出入太平洋和地球上其他水域，或者外国人从海路来到中国，都要穿过这些水域。

由于岛屿附近海域资源的丰富和地缘战略位置的重要，使得各国之间出现了海域领土的纷争。岛链的封锁，使得中国黄海、东海和南海成为典型的半封闭海区。

三、中国海洋能开发利用的策略

我国发展新能源和可再生能源的战略目标是逐步改善和优化我国的能源结构，更加合理有效地利用可再生资源，保护环境，促使我国能源、经济和环境的发展相互协调，实现社会的可持续发展。

1. 从战略高度认真对待海洋能的开发利用

我国目前正处于实现工业化和信息化的经济高速发展期。特别是沿海地区，由于经济的高速增长带来了能源需求的急剧增加。据估计，未来的30年中，平均每10年，我国能源需求总量应增加5亿吨标准煤，再过30年或稍长一点时间，中国有可能超过美国成为世界第一能源消费大国。

如此巨大的能源需求如何满足？如果按照传统观念，依靠增加化石燃料的生产来解决，不仅我国的化石燃料资源有限，而且，由于化石燃料的消耗将造成更加严重的环境污染。目前，我国由燃烧煤、石油、天然气而排放的 CO_2 与 SO_2 等物质的数量已达到与发达国家相当的程度。自2006年起，我国二氧化碳排放量已居世界首位，排放总量比美国高一倍，碳排放、碳减排势在必行。

由燃煤排放造成的直接环境损失每年超过100亿元。而清除这些污染，代价更为巨大。据估计，为限制这些污染物排放的必要的附加支出将要占我国GDP的5%~6%。

更何况，我国沿海地区化石燃料严重短缺，如浙江省90%以上的化石能源要从外省输入，平均运距在1500千米以上，又要花去相当大的一笔运输经费。这种情况清楚地说明，依靠化石燃料发展经济不仅投入上的花费越来越大，而且还会严重影响社会的可持续发展及人类的生存环境。

因此，传统的思想观念必须切实加以转变，这不仅是我国能源长期发展战略的要求，更是实现社会与经济可持续发展迫切需要。只有从思想观念上真正转移到发展经济要尽量依靠和开发利用可再生能源（沿海地区主要是海洋能）的轨道上来，我国海洋能资源的开发利用事业才会得到应有的重视，并加快其发展。

2. 加强重要海洋能科技及相关研究

针对我国目前海洋能资源开发利用中存在的问题和国际发展趋势，下列科技及相关课题亟待组织深入研究，加强开发力度，并形成一定的科技集团攻关能力。

我国海洋能资源的勘查：包括我国的海岸、海岛及海域中可开发利用的各种海洋能资源分布、特征、蕴藏量及变化规律的勘查评估，为全面确定我国海洋能资源开发利用规划提供切实可靠的基础。

海洋能开发利用中的基础性研究和关键技术：包括海洋能—机械能—化学能—电能的转换机理及转换装置的结构设计；海浪和海流的运动规律及特点；海洋能的捕获和聚集系统，如利用与海浪频率的共振，达到高效聚能，使小装置获得大能量；OTEC发电系统中的热力循环及低沸点工质的应用；随着OTEC等的开发，海洋表层水温度化对OTEC发电出力和海洋生态系统的影响；潮汐电站的站址选择和坝区泥沙淤积的处理；适用于海洋动能和位能发电的透平设计，如双向推动水力涡轮发电机；强度高、耐腐蚀、比重轻、绝热性能好、弯曲弹性率大的材料研究和应用；海洋表层浮游生物的增殖机制及其与海洋环境的关系等。

海洋能资源的综合利用：一是以海洋能发电技术为核心的各种海洋能系统副产品的开发，如海水淡化、优质燃料的生产、空调、冷藏、利用深海水发展渔业和养殖业、坝区滩涂开发等；二是综合利用海洋能和海洋上丰富的太阳能、风能，实现多能互补，如选择有条件的海岛建立可再生能源综合利用示范基地。

海洋能开发利用的技术可行性及经济可行性研究：我国海洋能开发利用需要加快发展，但也不能盲目发展。在规划和确定开发项目时，应进行不同层次和深度的技术可行性和经济可行性研究。即对海洋能开发利用前的建设期及开发后的技术状况、经济、社会和环境生态影响等的作用后果进行分析和鉴定，特别要预测和尽可能地避免那种不可逆的不良后果。

由于上述问题的研究和开发牵涉到自然科学和社会科学的许多方面，包括海洋学、地球物理学、气象学、环境科学、生物与生态学、流体与空气动力学、机械力学、力能学、化学与材料科学、机电一体化、发电工程及经济学、管理科学等一系列现代科学技术。因此，需要针对所要解决的问题，加强力量，互相协同，把若干课题列入国家重点基础研究发展规划或国家和地方的重大攻关项目，组织多学科的联合攻关，以提高我国海洋能科技的集团攻关能力。

3. 大力促进海洋能开发利用技术的产业化

在我国海洋能的开发利用中，潮汐发电技术已基本成熟，波力能开发中的浮式和岸式波力发电技术已形成一定生产能力，并有产品出口。但从总体上说，我国海洋能产业仍处在初始发展阶段。

要加快我国海洋能开发利用技术的发展，必须在现有基础上，大力促进海洋能技术的产业化。即在抓好海洋能技术科技攻关的同时，要通过市场机制，把科技攻关与工程项目密切结合起来，使科技成果迅速转化的生产力，支持一批海洋能产品骨干企业上规模、上水平、出好产品，或者通过引进国外先进技术，消化吸收，在这个基础上实现我国海洋能技术产品的国产化并实行产品生产、新产品开发、销售服务一体化体制，以形成有较大影响和创新能力的企业集团。

4. 确定海洋能开发利用的扶持政策

针对目前我国海洋能开发利用的速度和规模都远远落后于世界先进国家的状况，各级政府都应给予高度重视，借鉴和吸取国外经验，从统一规划、加大资金投入、制定各项优惠政策和管理政策等方面采取切实措施，以推动海洋能技术的开发应用。

(1) 统一规划。根据我国可开发利用的海洋能资源特点及目前国内外海洋能技术的发展水平和趋势，从社会、经济可持续发展的需要出发，确定一个包括科技发展目标、成熟技术的应用或引进、海洋能电站建设及综合利用、产业化进程、应采取的措施和政策等在内的全国海洋能开发利用发展规划，是当务之急。有了统一规划，海洋能的开发利用就有了目标，而且有利于各种海洋能资源开发利用的互补与合理布局，达到既发展了海洋能技术的应用，又与当地经济建设、滩涂开发、环境和生态保护等相协调。

(2) 加大投入。海洋能的开发利用作为一项高技术项目和国家的基础设施建设，各级政府应有较大的资金投入。目前有这种需要，也有这种可能。因为，一方面，我国特别是沿海地区近几十年来的经济总量有了较大增长，已具备一定的经济基础；另一方面，在市场机制发展的条件下，可采取各种办法多方集资，建立一定规模的风险基金，或以BOT（建设—经营—转让）方式引进外资。有些重大科技项目还可积极争取国家支持。

(3) 确定开发利用海洋能的优惠政策和管理政策。在优惠政策方面包括税收政策：减免海洋能技术产品所得税、对引进的国外先进技术实行低关税等。加速折旧政策：缩短海洋能技术产品的折旧年限，提高开发海洋能技术的激励强度。投资融资政策：把海洋能科研及建设项目所需资金纳入国家开发银行予以支持，提供中长期低息贷款等。电价政策：电力部门应支持海洋能电力的并网，并优先、优价收购，通过收取常规能源用户的碳税，对海洋能电价实行补贴等。管理政策：建立海洋能开发利用科研和建设项目的招标竞争机制；由一个管理委员会或开发公司统一管理海洋能发电和各种综合利用的收益，对咨询、勘测、设计、施工、维护保养等实行微利服务，独立承担风险；向用户积极宣传利用海洋能的意义和价值，对海洋能电力用户给予补贴或奖励等。所有这些政策在经过一段时间的试行以后，都要给予立法，以获得发展海洋能开发利用的法律保障。

5. 加强信息交流和国际合作

在当今世界经济进入区域化、全球化发展的时代，信息交流对海洋能开发利用科技及建设事业的发展显得特别重要，而且信息网络的迅速发展也为我们加强国内外的信息交流提供了极好的技术环境。为此，应建立一个全国海洋能资源开发利用信息网络和收集、分析、传播海洋能情报资料中心，以通过这个网络或中心达到信息资源共享，推动我国海洋能科研和建设项目上水平、上档次。

在国际合作方面，应利用目前一些国家海洋能开发利用技术

已达到相当成熟的程度，并正在实现商业化的良好时机，采取合作开发、引进关键技术和软件、引进人才等方式扩大国际合作，以缩小我国与先进国家的技术差距，加快我国海洋能开发利用的步伐。

6. 积极开展海洋能开发利用的宣传教育

海洋能资源的开发利用是一项有利现代也造福子孙后代的新兴事业。但由于开发利用技术的难度及成熟程度等原因，目前使用海洋能电力等的成本仍高于常规能源，而且人们的习惯势力也是发展海洋能事业的一个障碍。

因此，为推进海洋能开发利用的发展，取得决策者和广大人民的理解和支持，应坚持不懈地积极开展开发利用海洋能重大战略意义和有关技术知识的宣传教育，增强全民的环保意识和对社会可持续发展观的认识。

在这方面，西欧等国家的工作做得比较好。它们把这项工作看作是政府对海洋能等可再生能源实施扶持政策体系中的不可缺少的基础性工作。因此，当它们出台《非化石燃料公约》、燃煤电费加价和建立“绿色基金”等政策时，能得到居民的普遍支持。

目前，海洋能电力成本在高技术发展的支持下已有明显下降。如挪威波浪发电的成本已下降到6~7美分/(千瓦·时)；我国边远海岛的波浪发电，由于省去了燃料运输等原因，甚至低于油电。印度引进的OTEC电站建成后发出的电，由公共电力部门以6.5美分/(千瓦·时) 的电价购买。

潮汐发电的电价已与常规能源电价相近。如果把发电以外的海洋能综合利用收益加在一起，开发利用海洋能的综合成本已经达到可与使用常规能源相竞争的程度，这还没有考虑由于使用常规能源而造成的环境污染及治理所付出的代价。

这种情况为开拓海洋能的开发利用和向广大居民进行宣传教育提供了极好的教材。只有决策者和广大用户真正认识到、感受到利用海洋能的积极意义和价值，才能为海洋能的开发利用提供坚实的基础和广阔的产业市场。

海洋能资源的开发利用是当代新兴的能源产业。它是在一系列现代科学技术取得辉煌成就的基础上发展起来的一项知识和技术创新工程。加快海洋能资源的科技研究和技术开发，不仅是加速海洋能产业发展，增强经济与社会可持续发展能力的迫切需要，也是一个国家综合国力和科技发展水平的有力显示。

我国是一个有丰富海洋能资源的国家，近几十年来，又在经济与社会发展方面取得了举世瞩目的成就，特别是沿海各省，作为我国改革开放的前沿，已成为我国经济发展最繁荣、最具活力的地区。这就从需求和可能两方面为发展我国的海洋能开发利用事业提供了基础和保证。

因此，目前重要的是要着眼未来、面向海洋，瞄准国际海洋能科技前沿，从加强科技力量和科技研究与开发及推进成熟技术的产业化做起，切实采取有力措施，迅速把我国海洋能资源开发利用的水平和规模搞上去。

尽管目前我们的困难可能还比较多，道路也可能比较曲折，很多基础条件一时还跟不上，但有国际、国内发展海洋能资源开发利用的良好环境和各级政府的有力支持，通过一个不太长时期的努力，我国的海洋能资源开发利用将会呈现出更加光辉的成就。

第三节　开发海洋能，各国不遗余力

英国、日本、法国、美国、加拿大、荷兰、挪威、印度、印尼和俄罗斯等国家都是海洋能资源十分丰富的国家。为保证社会所需能源得到稳定而持久的发展，又不危及生态环境和后代人的生存，各国均对海洋能的开发不遗余力。

从摸清资源状况、确定发展计划、组织科技项目到实用技术的试验和商业化，各国均投入了大量人力物力。

一、英国

英国从 20 世纪 70 年代以来，出台了强调多元能源的能源政策，鼓励发展包括海洋能在内的各种可再生能源。1992 年，联合国环发大会后，为实现对资源和环境的保护，又进一步加强了海洋能资源的开发利用，把波浪发电研究放在新能源开发的首位，投资 1700 多万英镑研究波浪能装置，使英国在波浪能发电技术方面处于世界领先地位。

二、日本

日本于 1974 年推出了包括海洋能在内的发展新能源的“阳光计划”，1978 年推出了有关节能的“月光计划”，1989 年又推出“地球环境技术开发计划”，1993 年将这三项计划全部纳入“新阳光计划”。在这项中长期综合性新能源技术开发计划中，从 1993 年至 2020 年研究经费总额预计为 150 亿美元。在海洋能开发利用方面，成立了海洋能转移委员会，仅从事波浪能技术研究的科技单位就有日本海洋科学技术中心等 10 多个，还成立了海洋温差发电研究所，并在海洋热能的发电系统和热交换器技术上领先于美国，取得了举世瞩目的成就。

我们知道，日本是一个传统的海洋国家，多年来一直推行“海洋立国”的战略。

《中国海洋报》2013 年 9 月 5 日报道：早在 2012 年 5 月 25 日，日本内阁官房综合海洋政策本部决定，通过完善大规模的综合实证性试验海域，稳步实现日本海洋可再生能源的实用化、商业化。目前，海洋能源已成为日本政府制定能源政策时的重要考量。

日本开始尝试多种海洋能利用方式，特别是 2011 年 3 月 11 日日本东海岸大地震后，日本的能源方针变为“缩减核能利用，寻找替代能源”。

日本新能源与产业技术综合开发机构则着手于海洋能源技术研究开发，目前正在展开关于波浪能、潮汐能发电的试验和潮汐能、温差能发电的可行性研究。三井造船株式会社的波浪能发电

浮标可在台风来袭时沉入水下，躲过大波浪。日本海洋研究开发机构设计的振动水柱式波浪能发电装置设置在防波堤上。该堤坝工程墙体向外突出，可提高波浪能吸收效率。神户大学研制出陀螺仪式波浪能发电设备，其动力输出装置利用了日本原创的陀螺仪技术。川崎重工业株式会社研制出了可装卸式海底潮汐能发电装置。

此外，2013 年 6 月，冲绳县尝试了温差发电。一些研究者指出，如果能把表层温海水和深层冷海水的温度差充分利用，就能够达到发电的目的。现在日本凭借热交换钛金属板技术，使这种构想成为现实，将来冲绳岛所用全部的电能将计划由此提供。

日本的可再生能源虽然有很大的潜力，但是也存在一些问题：

第一是成本问题。海洋能源发电装置设计、建设和维护投入非常巨大，与利益相关方就相关海域的利用达成协议也需花费大量的财力、物力。

第二是环境问题。福岛核泄漏事件给日本敲响了警钟：虽然技术在不断发展，但是自然环境存在复杂性和不可预料性。因此，环境友好型的技术和设备将是日本能源利用今后的发展方向。

第三是与利益相关者之间的关系调整问题。以渔业为生的渔民和设有航线的轮船公司等各方的利害关系错综复杂，发展海洋能源将对这种利益关系影响巨大。目前，日本《水产行会法》禁止渔业行会从事电力事业，如果渔业行会也能参与电力事业生产可再生能源，将之用于鱼苗生产、陆上养殖、远海养殖、电动渔船等，促进能源的“地产地消”，将有助于振兴日本地方经济。

三、美国

美国把促进可再生能源的发展作为国家能源政策的一个基石，由政府加大投入，推出各种优惠政策，经长期发展，较大规模地利用了包括海洋能在内的可再生能源，成为世界上最大的可再生能源生产国。

在世界能源危机的大背景下，各国为了开发可持续利用的清洁能源可谓是使出了浑身解数，美国作为世界上的能源消耗大国当然也不例外。

早在 2013 年下半年的时候，《中国海洋报》就报道了美国的海洋能开发利用远景规划，报道如下：

美国是一个海洋大国，无论在海洋科技，还是海洋资源开发方面都保持着领先地位。近年来，随着传统能源价格不断攀升，加上经济危机带来的挑战，美国对可再生能源发展给予了高度重视。奥巴马政府将推广可再生能源作为保障国家安全、提供就业机会、降低二氧化碳排放量、净化空气、减小对进口石油依赖的重要途径之一。

海洋可再生能源作为一种储量巨大、开发前景广阔的新能源，可为美国沿海经济带提供一条低碳经济的发展之路。美国电力研究协会研究发现，全美海洋能发电潜力巨大，仅海浪发电就可以生产 100 亿瓦电力，占美国电力需求的 6.5%，而波浪能、海上风能、潮汐发电可以满足全美 10%的用电量。据美国能源信息署最近的计划表明，到 2030 年，美国整个国家电力的 20%将由可再生能源提供，其中 1/6（大约 305 亿瓦）主要是通过美国沿

海的可再生能源装置来实现。为促进海洋可再生能源产业的发展，美国政府出台了专门的发展战略规划，并在政策管理方面给予大力支持。

美国还设定路线图规划未来 20 年目标。为了明确海洋可再生能源开发的发展方向和路径，2010 年 4 月，美国能源部下属的可再生能源实验室发布了《美国海洋水动力可再生能源技术路线图》，阐明了美国未来重点发展的海洋可再生能源，包括：波浪能、潮汐能、海流能、海洋热能和渗透能。该路线图规划了美国海洋能源的开发愿景，到 2030 年，用于商业的海洋可再生能源装机容量将达到 23 吉瓦，并从愿景、部署实施、商业战略、技术战略和环境研究等方面阐述了美国未来 20 年海洋新能源的发展路径和方案，确定了至 2030 年美国海洋能源发展目标。在商业战略、技术战略和环境研究部分，详细阐述了实现该目标的步骤和时间节点，其中技术战略部分细分为波浪设备研发、海流设备研发和设备测试等子路线图。该路线图为美国海洋可再生能源开发提供了短期目标、长期目标及技术路径的计划。美国海洋可再生能源的开发实施依赖于商业、技术以及公共部门的密切配合，明确了海洋可再生能源开发所面临的主要问题，例如选址和法律许可障碍、环境研究需求、技术研究开发问题等。

美国政府出台了一系列政策支持和引导海洋可再生能源产业发展。

第一，出台强制性政策，要求各个沿海州加强海洋可再生能源开发。

第二，通过生产税抵免和加速折旧，鼓励开发者投资。

第三，通过电力采购协议，提供融资便利。

第四，提供研发创新资金和项目支持。

为了更好地促进美国海洋可再生能源的发展，美国政府规定了一种公共效益基金制度，该基金是按照零售电力价格的 1%~3%直接提取，也包括部分企业的专门捐款。该项公共效益基金主要是为了鼓励可再生能源研发、奖励可再生能源设备安置，以及为可再生能源开发企业提供贷款，以帮助那些无法通过市场竞争达到融资目的可再生能源项目。

总体来说，科学、合理的产业发展战略规划引导，与政府财政税收等多个方面的政策支持，使美国的海洋可再生能源开发利用走在世界前列。

通过上述报道可以看出，在开发利用海洋能方面，美国不仅有远景规划，还有近期的详尽方法，不仅政府重视，而且允许鼓励民间参与，可谓是多管齐下。

四、波浪能、潮汐能商业化为期不远

据不完全统计，目前已有 28 个国家及地区研究波浪能的开发，建设大小波力电站（装置、机组或船体）上千座（台），总装机容量超过 80 万千瓦，其建站数和发电功率分别以每年 25%和 10%的速度上升。

海水潮汐的涨落变化形成了一种可供人们开发利用的海洋的位能。据报道，目前世界上计划或拟议中建立的大型潮汐电站有 20 多座，其中装机容量百万千瓦级的就有 9 座。预计到 2030 年世界潮汐电站的年发电总量将达 600 亿千瓦时。可以看出，潮汐电站的建设在经过一段缓慢发展以后，目前又出现了一种新发展势头。

但要顾及当地的海港建设和海岸生态环境的保护。目前，对这些问题在技术上已经有了较为成熟的通过技术经济的评估加以解决。由于潮汐能不受洪水、枯水期等水文因素影响，开发利用潮汐能的社会和经济效益已明显显露出来。因此，在环境危机和能源危机日益严重的情况下，潮汐能的开发利用，主要是潮汐电站的建设出现新的局面是无可置疑的。

重要的是，海洋热能转换技术（OTEC）取得实质性进展，OTEC 技术将成为海洋能开发中最重要的技术。

海洋是世界上最大的太阳能集热器，它每年吸收的太阳能总贮量约 500 亿千瓦，其中可转换为电能的约有 20 亿千瓦。在如此巨大的海洋热能开发中，最有希望的是海洋温差发电，即利用被晒热的海洋表层水和深海（一般在 500 米以下）冷水的温差。此外，在荷兰、瑞典、英国、法国、加拿大和我国台湾等都有开发 OTEC 电站的计划和打算。

研究表明：不论是开式循环的小型 OTEC 系统还是发电量可达工业规模的闭式循环装置，全世界可有 98 个国家和地区受益于这项技术。

由于 OTEC 技术已取得上述实质性进展，而且部分技术已商业化，加之 OTEC 不受多变的海浪和潮汐影响；贮存在海洋里的太阳热能随时可用；在应用 OTEC 发电技术的同时，展现了海水淡化、空调、海水养殖等综合利用的广阔前景，特别是在热带地区，利用 OTEC 技术可为海岛及沿岸地带提供足够的电力和淡水。因此，随着现代高新技术的发展，许多国家把海洋能利用的大部分研究经费正转向直接用于 OTEC 的研究和开发。

为使 OTEC 技术达到大规模商业化应用的程度，目前，各个国家正致力于下列技术难关的突破。

第一，利用氟利昂、丙烷、氨等低沸点工质，在冷热源温差较小条件下的发电技术。

第二，附着在热交换器表面的海洋生物，对热交换器性能的影响及其解决途径。

第三，大量深海水在海面释放和将维持深海浮游生物生长的营养物质带到海面，对海洋生态系统的影响。

第四，大面积海面温度下降及海面蒸发率降低，对局部气候及地区渔业发展的影响。

第五，OTEC 电站的工质泄漏、发电事故可能造成的海洋污染及其防治.

第六，热转换器材料的高强度、耐腐蚀及轻型化，低沸点工质的改进或替代物质。

第七，OTEC 发电技术和综合利用途径及技术和经济可行性。

第四节　中国海洋能开发

尽管有一定难度，但开发利用海洋能还是中国新能源发展的重点之一。

因为像风能、太阳能一样，海洋能属于清洁、低碳能源，储量巨大。如能充分对其开发，将对改善能源结构、降低碳排量意义重大。另外，海洋资源的开发、海洋经济的发展，甚至国家海洋安全的保障也需要海洋能技术的提高与成熟，这将是未来海洋能技术拓展的强盛动力。

一、我国海洋能开发潜力巨大

从国外海洋能利用技术与发展来看，开发装置本身经历了试验、理论探索与大规模开发的发展之路。海洋能能量密度较低，目前研究多集中于提高转化效率。国际海洋能的开发和综合利用已取得显著效益，其规模不断扩大，已达到或接近贸易化应用阶段，新的海洋能源工业正在兴起并有逐渐增大和向贸易应用推广的趋势。

我国的海洋能非常丰硕，只是很多人还不了解。若能从我国海洋能的储藏储量中开发 1%，并用于发电，其装机容量就相当于目前全国装机总容量，这的确是一个惊人的数字。我国 80%以上潮汐能资源分布在福建、浙江两省。

海洋热能主要分布在南海。潮流、盐度差能等主要分布在长江口以南海域。与之相对应的是，我国华东、华南等地区常规能源短缺，而工农业生产密集。我国海洋能分布正与上述需要相匹配，可就地利用，避免长间隔运输的用度和不便，是很好的可利用资源。

二、我国海洋能开发具备技术基础

我国是世界上建造潮汐电站最多的国家，积累了丰富的经验，为海洋能开发利用打下了坚实的基础。现存的几个潮汐电站完全独立自主开发，拥有自主知识产权，国产化程度较高。虽然拥有如此多的海洋能储量，但资源利用程度依旧较低。

同时，波浪能、潮流能开发研究已经有了一定的基础，开发的一些波浪能装置已经商品化，近期在做波浪能、潮流能 150 千瓦的示范装置，温差能处于实验室研究阶段，盐差能做过一些尝试。可见，我国海洋能的技术与世界其他国家相比并不落后，通过自身的技术水平提高可以发展好海洋能。

在经济可行性评估方面，以海洋热能发电为例分析。首先，把海洋热能与其他可再生能源比较，海洋热能连续稳定，可以发出连续稳定的电力。和太阳能发电比较起来，不需要建设昂贵的蓄能系统；和并网的风力发电比较起来，不会增加电网调峰的负担。

而且，海洋热能电站的“容量系数”可以达到 100%，大大高于光伏电池发电的 30%左右的数值。也就是说，光伏电池发电每千瓦的投资实际上只能得到 0.3 千瓦的均匀发电能力。如果按并网的光伏发电站建设成本为每千瓦约 6.6 万元计算，海洋热能电站每千瓦的建设成本即使达到 20 万元也比光伏发电优胜。

另外，在一些特殊的地方，如深海区中的岛屿或设施，其燃料和淡水靠外界运进，用度很高。目前，在这些地方就地利用海洋热能提供电力和淡水在经济上是可行的。在这种地方，海洋热能除了提供电力和淡水外，若结合空调、海水养殖、寒冷天气农业、旅游等综合开发则将更有经济竞争力。

三、中国海洋能开发利用将越来越理想

作为未来技术，把能源资源、水产资源和空间利用有效地结合起来，建立能发挥海洋优势的总能源系统，实现海洋能资源综合利用是国际上海洋能开发利用的一个重要发展趋势。如日本就正在大力推进这种面向海洋的友好技术（SOFT）。

我国海洋能的现代开发利用始于 20 世纪 50 年代末，当时，在广东、福建、山东、浙江等省陆续建成了一批微型潮汐能水轮泵站和潮汐电站。以后，这些潮汐能利用项目由于设备陈旧、规模小等原因被相继淘汰。在 20 世纪 60 年代至 70 年代，海洋能开发利用发展缓慢。只是到了 70 年代末、80 年代初，我国海洋能的开发利用才有了较大发展，并具备了一定的科技和开发基础。

从 20 世纪 70 年代中开始，我国组织了对波浪能的研究，于

1975年研制成1台1千瓦的波力发电浮标，在浙江省嵊山岛进行了试验。1989年，装机容量为3千瓦的我国第一座波力电站在大万山岛建成。中间陆陆续续建造了不少波力电站，计划至2020年，在山东、海南、广东各建1座1000千瓦级的岸式波力电站。

潮流发电的研究始于20世纪70年代末。1978年在浙江舟山海区对8千瓦的潮流发电机组进行了原理性试验，当流速为3米/秒时，产生5.7千瓦的电力；1989年完成了1千瓦直叶片摆线式水轮机的研制，为潮流发电技术的发展奠定了基础。我国温差能和盐差能的研究和开发利用，目前仅对小型OTEC装置进行了试验性研究，尚有待进一步开发。据远景目标，我国不仅在浙江舟山建了10千瓦级、100千瓦级和1000千瓦级的潮流电站；至2020年，在西沙群岛和南海各建一座100千瓦和1万千瓦级OTEC电站。

四、海洋能资源开发利用中存在的问题

今天，人们逐渐在潮汐能、波浪能发电技术的研究和开发利用方面形成了一些较为成熟的技术，具备了一定的开发利用规模，有了较为稳定的科技队伍。但与真正实现商业化比较，海洋能资源开发利用的水平还比较低，差距比较大。以我国为例，其存在的主要问题有以下几点：

1. 海洋能资源开发利用的规模远远落后

虽然我国有江厦电站这样中型规模的潮汐电站，但全国潮汐发电总容量仅为1.1万千瓦，而目前世界上已出现10.5千瓦级潮

汐电站，预计到2020年将建成10.6千瓦级潮汐电站9座，最大的潮汐电站装容量可能达10.7千瓦级，印度和韩国也将建90万千瓦和48万千瓦的潮汐电站。而我国至2020年也只计划建5万和30万千瓦的潮汐电站两座。

在波浪能发电规模方面，世界上已从102、103千瓦级发展到104千瓦级的应用，而我国目前仍停留在100、101千瓦级的水平上，至2020年的远景目标也只是发展到102~103千瓦级的波力电站。

温差能发电，目前我国只是进行了小型OTEC发电装置的试验，预计到2020年才可能有102－104千瓦级的OTEC电站出现。而世界上，目前已从101千瓦级的试验性OTEC电站迅速发展到105千瓦级OTEC电站（印度）。

因此，我们应清醒地认识到，我国海洋能资源的开发利用仍处在比较落后的状态。这种状态与我国具有丰富的海洋能资源，而且目前是世界上经济发展最迅速的国家所处的地位极不适应。尤其是东部沿海是我国经济发展最具活力的地区，一方面经济发展对能源供应提出了迫切需求，另一方面面对可开发的丰富的海洋能资源不去扩大利用，这是一种不合理，也不正常的现象，应尽快加以改变。

2. 海洋能资源勘查和科研力量不够

海洋能资源的勘测和调查是有效合理地开发利用海洋能的基础。但从1949年以来，较为系统的大范围海洋能资源勘查只进行过两次，第一次是1958~1959年，第二次是1979~1981年。而且这两次勘查的重点在潮汐能资源，对其他海洋能资源的勘查很少顾及，其勘查的深度、广度、一致性等都存在不少问题。如由于勘探的不足，江厦潮汐电站的堤坝建在几十米厚的软黏土地基上，1972 年建成，1974 年 8 月出现年最大天文潮和强台风，心墙发生严重管涌，堤坝下沉，发电机组事故增多，严重影响发电量和经济效益。特别是近 20 年来，由于沿海地区经济建设的发展，在港湾和河口新建和扩建了不少海运港口和城市，已对原有的海洋能资源造成严重破坏。这种对可利用的海洋能资源底子不清、缺乏统一部署的盲目建设，不仅不利于海洋能资源的开发利用，还有可能造成更大的浪费。

与此同时，我国从事海洋能开发利用研究的科技力量严重不足。全国现有 100 多个有关海洋的科技研究单位，其中开展海洋能研究和技术开发的机构只有 20 来个，分布在大专院校、中国科学院、国家海洋局和地方科研院所等，力量较为分散，没有形成一定的科技优势。尤其是目前国际上已将研究重点放到 OTEC 的开发利用方面，我国在这方面的研究不是很深入。这种情况极不利于赶超海洋能资源开发利用的国际先进水平，对加快我国海洋能资源开发利用的速度，扩大规模也有比较大的影响。

3. 没有把海洋能资源的综合开发利用放到应有地位

我国在几十年海洋能资源开发利用的过程中，主要是在海洋能发电技术的研究和应用上做了一些重要的工作，并取得了一定的成绩。但充分发挥海洋优势，围绕海洋能发电技术的开发，积极开展海洋能资源的综合利用研究和开发做得很不够。只是在江厦潮汐电站等库区周围进行了垦殖开发，并取得良好的经济社会效益。而除滩涂垦殖以外的更多项目的开发很少开展，也没有组织系统的综合开发利用方面的科技研究。

就是已经实施的一些开发，在管理工作上也存在不少问题。如缺乏统筹、多头管理，电站得不到综合开发的效益，以致电站对综合开发的积极性不高。与此同时，海洋能（潮汐）发电的成

本降不下来，电站长期处于亏本运行状态。这种状况与我国在发展海洋能发电技术的同时，没有把海洋能资源的综合开发利用放到应有位置加以重视是密切相关的。如不切实改变这种状况，将严重影响海洋能资源开发利用的良性发展。

4. 国家对海洋能资源开发利用的政策措施不力

事实表明，像在我国这样海洋能的开发利用尚处于初始发展阶段的国家，缺乏国家和各级政府的资金和政策支持，海洋能资源开发利用就很难得到较快的发展。

目前，在我国有许多部门都在涉足海洋能资源开发利用这个问题，看起来似乎已引起足够重视。但由于缺乏整体规划和部署，没有一个主抓的部门来统揽全局。因此，力量分散，形不成整体优势，也就很难争取到国家或地方政府的大力支持。加之，人们的思想观念大多停留在依靠常规能源发展经济的水平上，一些沿海省份，不去开发和利用自己具有的丰富海洋能资源，却每年都花巨资从省外、国外运进大量煤、石油等化石燃料来缓解能源供应的紧张状况。

虽然我国较早地开展了潮汐能发电等的研究和开发，并分别于 1980 年和 1990 年建成了两座有一定规模的潮汐电站，但由于投入不够、管理不善等原因，近 10 多年来发展缓慢，以致从总体上看，我国海洋能资源的开发利用技术大多数仍停留在试验性地段。即使在沿海省份（如浙、闽），海洋能的利用在能源消费的构成中仍不能占有一席之地。如果国家和各级政府主管部门没有切实从思想观念上引起对海洋能资源开发利用的高度重视，就不可能切实加大投入，并出台有利于海洋能资源开发利用的各种优惠政策和行之有效的措施。

五、确立标准，建造海洋能海上试验场

近年来，人们对于海洋能的开发和利用越来越重视，但是，开发海洋能需要大量的投资，而且在海洋上面进行施工，工程极为复杂，一旦出现问题，造成重大损失的风险极高。因此，在海上工程建设，装置设备的安装和维护等方面，需要一定的参照标准，而在实践过程中积累起来的经验数据，就成为建立这一标准的最为宝贵的资料。它可以推动海洋能技术向标准化和产业化转化。综合起来来讲，有必要建立起海洋能的标准体系。

海洋是一个极为复杂的变化莫测的环境，在这样的环境中获取能量，人们迫切地希望将海洋能开发利用过程中的重复性和具有共性的事物按照其内在的联系形成有机的科学整体，并转化为行业标准.以便于更好地为海洋能的开发和利用提供参照和指导，促进海洋能开发利用技术的协调有序地发展。

经过多年的努力，我国已经编制完成《海洋可再生能源开发利用标准体系》海洋行业标准征求意见稿和编制说明，海洋能开发利用标准也完成了 4 项，规范汇编的框架结构和海洋能发电入网标准的框架结构也部分完成，加强规范并且指导了海洋能标准立项和指导工作.

另外，我国还组织了《海洋能资源调查和评估指南》国家标准的征求意见稿和编制说明，内容涵盖了潮汐能、波浪能、海流能、温差能、盐差能等方面，完成了海洋能对社会经济影响的评价指标体系。

我国还积极开展广泛的国际合作，编制完成了《海洋能源术

语·常用术语》等资料，出版了《海洋能开发利用词典》，构建了海洋能开发利用技术术语数据库硬件平台，大大方便了海洋能开发利用行业进行信息查询、浏览、信息录入、信息更新和审核，并进行数据备份的操作。

为了能够将先进的能源开发技术应用到海洋能的开发上，我国还在沿海地区建造了很多海洋能海上试验场。为了实现“为我国的海洋能产业化技术发展奠定坚实的技术基础和支撑保障”的目标，《海洋可再生能源发展纲要（2013−2016）》提出，到2016年，我国要分别建成具有公共试验测试泊位的波浪能和潮流能示范电站，同时建成国家级海洋能利用海上试验场，筹措专项资金总体设计统筹安排，积极推进工程进展。

目前设计建造中的海洋能海上试验场主要有三处。一个是位于山东威海的北方国家海上综合测试场，这个测试场的水深在50到70米之间，有效浪高1米，最大的海流流速在1.2米/秒。另外，位于浙江舟山地区的国家潮流能海上试验场，年均功率密度为1.5千瓦/米^2，水深在20到60米之间，测试能力达到了3.1兆瓦。此外还在广东珠海海域建造了国家波浪能试验场，这个试验场的年均波浪能密度达到了4千瓦/米^2。

从总体设计上来讲，建造于山东威海的北方国家海上综合试验场，主要针对波浪能和潮流能发电装置模型以及按照比例缩小的样机进行海况试验测试以及综合评估，作为我国海洋能装备的成果转化基地，同时培育相关行业的产业化规模。

位于浙江舟山地区的国家潮流能海上试验场之所以选址在浙江沿海，是因为浙江省潮流能资源十分丰富，总量占到了全国潮流能总量的51%以上，而这些潮流能又集中分布于舟山海域和杭州湾地区。因此，经过总体布局分析，我国潮流能开发利用条件最为理想的地区为舟山群岛的金塘、龟山等水道。国家潮流能海上试验场选址在舟山，主要是为了针对潮流能发电装置的实型样机进行海况试验测试和综合评估。

2013年，三峡集团和中国海洋石油总公司研究院在海洋能专项资金的支持下主持开展了舟山潮流能示范工程的总体设计，预计在离岸3千米以内的海域内建设3个测试泊位，可以满足装机1兆瓦的发电装备测试要求。

这个工程由岸基中心和海上设施组成，其中海面上建设有集电系统，集电系统分布在测试区用海（也称作排他性用海）和单个海位试验测试及安全作业用海区。然后通过海缆（禁锚区），将电力输送到岸基电站及电力测试点，再通过陆上电缆输送到电力控制中心，连接入大电网。同时将电力数据发送到数据中心进行测试与评价。

珠海大万山岛是我国海洋能资源最丰富的地区之一，大万山岛附近海域水温适宜，流速较低，而且海底平整，礁石很少，安放设施更加方便。因此，在海洋能专项资金的支持下，南方电网综合能源有限公司广州能源研究所与华南理工大学共同承担了大万山岛波浪能示范工程总体设计的任务，进行了包括波浪能发电装置测试与示范需求分析、波浪能泊位设计、波浪能测试区域选址勘查及要求、输配电系统设计、装置监测与数据集成系统的设计及运行保障系统等任务。目前已经大部分完成。

除了投入巨大的资金和人力进行海洋能试验场的建造之外，我国还进行了多方位的努力，极力促成海洋能转化技术，以及设备的规模化和产业化，同时不断地开发新技术，鼓励专利申请，并引进国外先进技术和制造方法，为海洋能的利用作出了巨大的努力，也取得了令世人瞩目的成绩。

要发展海洋能，还需要客观地分析未来面对挑战的严重性。海洋能的特点决定了其开发难度大，技术水平要求高。海洋能的开发因为技术不成熟，一次性投资大，经济效益不显著，影响了海洋能利用的推广。海洋能利用技术是海洋、蓄能、土木、水利、机械、材料、发电、输电、可靠性等技术的综合运用，其枢纽技术是能量转换技术，不同形式的海洋能，其转换技术原理和设备装置都不同。

第五节　治理海洋污染，保护海洋环境

海洋面积辽阔，储水量巨大，因而长期以来是地球上最稳定的生态系统。由陆地流入海洋的各种物质被海洋接纳，而海洋本身却没有发生显著的变化。然而近几十年，随着世界工业的发展，海洋的污染也日趋加重，使局部海域环境发生了很大改变，并有继续扩展的趋势。

为了长期、健康地使用海洋能，正视海洋污染，治理海洋污染，是我们必须严肃面对的挑战。

一、海洋污染现状

随着工业化的进程加快，人类在创造大量社会财富的同时，也制造了难以计数的污染物，人们往往为了短暂的环境清洁，将这些污染物倾倒入海洋，给海洋带来巨大的污染危害。一般而言，海洋污染通常是指人类改变了海洋原来的状态，使海洋生态系统遭到破坏。有害物质进入海洋环境而造成的污染，会损害生物资源，危害人类健康，妨碍捕鱼和人类在海上的其他活动，损坏海水质量和环境质量等，自然也会使得人们在开发利用海洋能

的时候，多出几重烦恼。比如被工业废液污染的海水，会严重地腐蚀金属设备。

海洋污染几乎是一个比较普遍的现象，凡是工业大国——包括日本、美国和中国——的沿海，都或多或少地存在着程度不同的海洋污染，甚至远离近海的公海，也经常会出现污染现象。

1. 海洋污染物

海洋污染物种类很多，按照污染物的来源、性质及带给环境的影响，一般可以将污染物分为以下几类：

(1) 石油或石油的制成品。

(2) 金属、无机物和含有酸、碱的废液。包括镉、锑、汞、铅等金属，磷、砷等非金属，以及酸和碱等。它们会改变海水的构成，改变海水的酸碱度，直接危害海洋生物的生存，或者影响其利用价值。如生活在被污染海域的鱼类，就不再适合人类进食。

(3) 农药。现代农业的农药使用量很大，这些农药会在环境中分解一部分，还有一些会随着河流进入海洋。或者有的海水养殖也会使用一些农药辅助生产，农药对海洋生物有危害。

(4) 放射性物质。主要来自核爆炸、核工业或核舰艇的排污，放射性废物在环境中会存在很长时间，持续地危害环境。

(5) 有机废液和生活污水。里面含有丰富的营养物质，污染严重的情况下可形成赤潮。

(6) 热污染和固体废物。主要包括工业冷却水和工程残土、垃圾及疏浚泥等。前者入海后能提高局部海区的水温；后者可破坏海滨环境，造成海底高低不平，提升海底高度，影响海底设备设施的安装运行。

2. 主要污染物

根据污染物的性质和毒性，以及对海洋环境造成的危害方式，主要污染物可以分为以下几类：

（1）石油及其产品：包括原油和从原油中分馏出来的溶剂油、汽油、煤油、柴油、润滑油、石蜡、沥青等等，以及经过裂化、催化而成的各种产品。每年排入海洋的石油污染物约1000万吨，主要是由工业生产，包括海上油井管道泄漏、油轮事故、船舶排污等造成的，特别是一些突发性的事故，一次泄漏的石油量可达10万吨以上，这种情况会导致大片海水被油膜覆盖，不仅促使海洋生物大量死亡，严重影响海产品的价值，还会严重影响其他海上活动。厚重的石油原油会粘接在涡轮机的扇叶上，影响扇叶的运转，甚至损坏机械的动力系统。

（2）重金属和酸碱：包括汞、铜、锌、钴、镐、铬等重金属，砷、硫、磷等非金属及各种酸和碱。由人类活动而进入海洋的汞，每年可达1万吨，已大大超过全世界每年生产约9000吨汞的记录，这是因为煤、石油等在燃烧过程中，会使其中含有的微量汞释放出来，逸散到大气中，最终归入海洋，估计全球在这方面污染海洋的汞每年约4000吨。镉的年产量约1.5万吨，据调查镉对海洋的污染量远大于汞。随着工农业的发展通过各种途径进入海洋的某些重金属和非金属，以及酸碱等的量，呈增长趋势，加速了对海洋的污染。

（3）农药：包括有农业上大量使用含有汞、铜及有机氯等成分的除草剂、灭虫剂，以及工业上应用的多氯酸苯等。这一类农药具有很强的毒性，进入海洋经海洋生物体的富集作用，通过食物链进入人体，产生的危害性就更大，每年因此中毒的人数多达10万人以上，人类所患的一些新型的癌症与此也有密切关系。

(4) 有机物质和营养盐类：这类物质比较繁杂，包括工业排出的纤维素、糖醛、油脂；生活污水的粪便、洗涤剂和食物残渣，以及化肥的残液等。这些物质进入海洋，造成海水的富营养化，能促使某些生物急剧繁殖，大量消耗海水中的氧气，易形成赤潮，继而引起大批鱼虾贝类的死亡。

(5) 放射性核素：是由核武器试验、核工业和核动力设施释放出来的人工放射性物质，主要是锶-90、铯-137 等半衰期为 30 年左右的同位素。据估计进入海洋中的放射性物质总量为 2 亿~6 亿居里，这个量的绝对值是相当大的，由于海洋水体庞大，在海水中的分布极不均匀，在较强放射性水域中，除了对海洋生物的影响，对人类活动和相关设施也会造成不良影响。

(6) 固体废物：主要是工业和城市垃圾、船舶废弃物、工程渣土和疏浚物等。据估计，全世界每年产生各类固体废弃物约百亿吨，若 1%进入海洋，其量也达亿吨。这些固体废弃物严重损害近岸海域的水生资源和破坏沿岸景观。

(7) 废热：工业排出的热废水造成海洋的热污染，在局部海域，如有比原正常水温高出 4℃以上的热废水常年流入时，就会产生热污染，会对温差能电站产生破坏性影响。

上述各类污染物质大多是从陆上排入海洋，也有一部分是由海上直接进入或是通过大气输送到海洋。这些污染物质在各个水域分布是极不均匀的，因而造成的不良影响也不完全一样。

海洋污染的特点是，污染源多、持续性强，扩散范围广，难以控制。海洋污染造成的海水浑浊严重影响海洋植物（浮游植物和海藻）的光合作用，从而影响海域的生产力，对海洋温差能发电和盐差能发电也有危害。因此，海洋污染已经引起国际社会越来越多的重视。

由于海洋的特殊性，海洋污染与大气、陆地污染有很多不同。

其突出的特点：

一是污染源广，不仅人类在海洋的活动可以污染海洋，而且人类在陆地和其他活动方面所产生的污染物，也将通过江河径流、大气扩散和雨雪等降水形式，最终都将汇入海洋。

二是持续性强，海洋是地球上地势最低的区域，不可能像大气和江河那样，通过一次暴雨或一个汛期，使污染物转移或消除；一旦污染物进入海洋后，很难再转移出去，不能溶解和不易分解的物质在海洋中越积越多，往往通过生物的浓缩作用和食物链传递，对人类造成潜在威胁。

三是扩散范围广，全球海洋是相互连通的一个整体，一个海域污染了，往往会扩散到周边，甚至有的后期效应还会波及全球。

四是防治难、危害大。海洋污染有很长的积累过程，不易及时发现，一旦形成污染，需要长期治理才能消除影响，且治理费用大，造成的危害会影响到各方面，特别是对人体产生的毒害，更是难以彻底清除干净。

防止海洋污染的措施主要有：海洋开发与环境保护协调发展，立足于对污染源的治理；对海洋环境深入开展科学研究；健全环境保护法制，加强监测监视和管理；建立海上消除污染的组织；宣传教育；加强国际合作，共同保护海洋环境。

海洋的污染主要是发生在靠近大陆的海湾。海洋污染突出表现为石油污染、赤潮、有毒物质累积、塑料污染和核污染等几个方面；污染最严重的海域有波罗的海、地中海、东京湾、纽约湾、墨西哥湾等。就国家来说，沿海污染严重的是日本、美国、

俄罗斯、西欧诸国。我国的渤海湾、黄海、东海和南海的污染状况也相当严重，虽然汞、镉、铅的浓度总体上尚在标准允许范围之内，但已有局部的超标区；石油和 COD（化学需氧量）在各海域中有超标现象。其中污染最严重的渤海，由于污染已造成渔场外迁、鱼群死亡、赤潮泛滥，造成了极为严重的后果。

人类生产和生活过程中，产生的大量污染物质原子核不断地通过各种途径进入海洋，对海洋生物资源、海洋开发、海洋环境质量产生不同程度的危害，最终又将危害人类自身。

二、保护海洋迫在眉睫

海洋环境保护问题已成为当今全球关注的热点之一。

我国海洋生物种类、海洋可再生能源蕴藏、海洋石油资源量均处于世界领先水平，但是随着城市化的快速发展和人口数量的增长，海洋污染日益严重，入海流域周边的生活污水、工业废水、石油产品泄漏、海上石油开采、海水养殖的添加剂对我国近海造成了严重的污染。鱼类种群的灭绝、自然灾害的频发等等，不得不使我们考虑如何有效地治理海洋污染问题。这是一项艰巨又长久的任务，需要全社会共同参与，共同努力，才能有效地治理污染，推进海洋的健康发展。

据资料，2008 年我国近岸海域监测面积共 281012 平方千米，其中Ⅰ、Ⅱ类海水面积 212270 平方千米，Ⅲ类为 31077 平方千米，Ⅳ类、劣Ⅳ类为 37665 平方千米。按照监测点位计算，全国近岸海域水质Ⅰ、Ⅱ类海水比例为 70.4%，比上年上升 7.6 个百分点；Ⅲ类海水占 11.3%，与上年持平；Ⅳ类、劣Ⅳ类海水占

18.3%，下降 7.1 个百分点。

四大海区近岸海域中，黄海、南海近岸海域水质良，渤海水质一般，东海水质差。北部湾海域水质优，黄河口海域水质良，Ⅰ、Ⅱ类海水比例在 90%以上；辽东湾和胶州湾海域水质差，Ⅰ、Ⅱ类海水比例低于 60%且劣Ⅳ类海水比例低于 30%；其他海湾水质极差，劣Ⅳ类海水比例均占了 40%以上，其中杭州湾最差，劣Ⅳ类海水比例高达 100%。

据不完全统计，我国沿海自 1980 年以来共发生赤潮 300 多次，其中 1989 年发生的一次持续达 72 天的赤潮，造成经济损失 4 亿元，仅河北黄骅一地 6666.67 公顷对虾就减产上万吨。1997 年 10 月至 1998 年 4 月，发生在珠江口和香港海面范围达数千平方千米大赤潮，给海上渔业生产造成的损失也是数以亿计。

海洋重要鱼、虾、贝、藻类的产卵场、索饵场、洄游通道及自然保护区主要受到无机氮、活性磷酸盐和石油类的污染。无机氮污染以东海区、黄渤海区部分渔业水域和珠江口渔业水域相对较重，活性磷酸盐污染以东海区、渤海及南海近岸部分渔业水域相对较重，石油类的污染以东海部分渔业水域相对较重。

针对海洋污染问题，要有一系列的措施加以改善、解决。

加强执法力度，真正做到“执法必严，违法必究”，加强对政府环保职能部门的执法监督，克服地方保护主义，要求地方各级政府必须将环保工作提到议事日程上来。

加强对船舶及钻井、采油平台的防污管理。首先应对船舶及钻井、采油平台所有人的管理者进行防污教育，增强其防污意识，提高除污救灾技能。作业者应严格遵守国家的法律法规，确保污水处理设备始终处于良好工作状态，严把除污化学试剂的质量关，严禁使用有毒的化学试剂除污。

各地渔政部门、港监防污部门应全面了解本辖区内的水域污染状况。对污染源、地理环境、水文状况、生物资源状况等了解清楚，根据所了解的情况进行防污规划，当好政府的参谋，一旦发生污染事故可根据所了解的情况以最快的速度制定出最好的减灾方案。

防止、减轻和控制海上养殖污染。我国海水养殖主要位于水交换能力较差的浅海滩涂和内湾水域，养殖自身污染已引起局部水域环境恶化。今后，应建立海上养殖区环境管理制度和标准，编制海域养殖区域规划，合理控制海域养殖密度和面积，建立各种清洁养殖模式，控制养殖业药物投放，通过实施各种养殖水域的生态修复工程和示范，改善被污染和正在被污染的水产养殖环境，减轻或控制海域养殖业引起的海域环境污染。

防止和控制海上倾废污染。严格管理和控制向海洋倾倒废弃物，禁止向海上倾倒放射性废物和有害物质。制定海上船舶溢油和有毒化学品泄漏应急计划，制定港口环境污染事故应急计划，建立应急响应系统，防止、减少突发性污染事故发生。政府部门要加大对重污染企业的打击力度，加强宣传科学的企业发展观，为推进海洋健康发展打下基础。

国家应积极引导地方政府、居民、企业和民间组织等社会各界力量积极参与和改变修复海洋环境，为我国海洋健康发展和谐发展提供良好的社会环境。在治理中鼓励大家在自家周围和工厂区种植植物，扩大绿化面积，保持良好的水土环境，建立人造海滩、人造海岸、人造海洋植物生长带，改善海洋生物的生存环境。

三、开发海洋能对鱼类的影响

海洋能工业的发展受到众多监管部门的制约，主要集中在对鱼类的保护方面。很多人担心风力涡轮机周围鸟类大批死亡的惨剧可能会在海洋上再次上演，因此，出台了一些严苛的规定。

比如，在进行海上测试前，海洋流涡轮机公司必须在其涡轮机上放置海豹检测设备，一旦海豹靠近涡轮机（这种事情基本不会发生），该检测设备就会按下紧急关闭按钮。另外，对爱尔兰OpenHydro公司设计的位于海床上的涡轮机会将虎鲸变成鲸鱼寿司的担忧几乎扼杀了在皮吉特海峡（美国华盛顿州西北部太平洋一狭窄而形状不规则的海湾）对这一设备进行测试的提议。

美国缅因州立大学的鱼类生物学家盖尔·兹德尔维斯基表示，她在海洋可再生能源公司安装的潮汐电机组附近只能得到鱼类活动的有限数据。她说，鱼类很可能会主动避让涡轮机，但她对一件事情很好奇：当在这组涡轮机组附近再铺设一台机组会发生什么情况？她的研究小组仍在收集基础数据，目的是改善其研究模型并弄清楚潜在影响，需要进行多少实地调查工作。

其他人则在实验室忙得热火朝天。美国能源部下属实验室的生物学家们进行了一些测试，他们让鱼类通过涡轮机，并将鱼类置于与将能源传到岸上的电缆周围类似的电磁场中进行观察。最终得到的数据显示，这两项研究结果都表明，鱼类并没有受到永久性的伤害。

以在皮吉特海峡生活的虎鲸为例，美国能源部下属的西北太平洋国家实验室和桑迪亚国家实验室能源部门的研究人员对最坏

的一种可能性进行了研究分析：假如一头好奇的虎鲸不小心把头夹在其中一台涡轮机中了，结果会怎样？

这两个研究团队对多种不同的橡胶材料（主要用于模拟虎鲸的皮肤）进行了测试，并制作出了一个模型，以便了解涡轮机的叶片对虎鲸可能会造成的潜在伤害。2012 年，有一条死的鲸鱼被冲到了位于西雅图附近的海岸线上，科学家利用计算机，对这头鲸鱼的头盖骨进行了电脑断层扫描，希望能找出鲸鱼的脂肪和皮肤的薄弱点，并利用这些信息来改进他们的模型。他们也提取了一些鲸鱼的皮肤，在实验室对其强度进行了测试。

研究结果已于 2013 年 1 月发布。该研究的领导者、西北太平洋国家实验室的海洋生物学家安德鲁·考平表示，结果表明，如果一头虎鲸迎头撞上涡轮机的一片扇叶，那么，它很可能只会受到一点小擦伤。考平说："当鲸鱼撞上船只，只有额骨断裂才有可能导致它死亡，而虎鲸撞上扇叶产生的力量根本不足以让这种事情发生。"基于此，2013 年 3 月 20 日，联邦能源管理委员会批准了该小组在皮吉特海峡进行涡轮机测试的申请。考平也正领导一个国际研究团队，收集和整合所有与潮汐能和波浪能发展有关的环境研究，目的在于找出最有可能产生的影响，然后集中精力解决这些问题。

第一份报告已于 2013 年 1 月发表，其要点专注于以下三个领域：动物的相互作用，涡轮机噪音，从海洋系统提取能量和降低海水流动速度产生的影响。该研究团队报告称，到目前为止，没有证据表明，相关产业的发展会对海洋生物或海水流动产生重大影响，但大型设备的影响目前还难以预测。

这三个领域中，噪音问题相对来说更难解决。研究者已经对单台设备进行了精细测量。结果发现，在被困于设备之内 24 小时后，鱼类除了受到一些皮外伤外，似乎可以忍受这台机器产生的噪音，但成套设备可能会产生的长期而广泛的影响难以预测。适度的噪音或许有助于驱使动物远离机器，但如果噪音太大，将对鲸鱼及其他依靠声音通信的动物造成影响。考平说："这些项目中，很多项目或者说所有项目都需要很好地监控，海洋是所有人的后院。因此，在涉及海洋的研究中，我们多么小心都不为过。"

开发者、研究者和环保主义者都认可的一点是：为了更好地了解相关产业的经济效益和环境影响，需要在海上布置更多机器。彭博新能源财经咨询公司的主编麦克罗恩认为，由于缺乏商业利益及一些项目的终止，波浪能可能无法在他们的下一次评估中占有一席之地，但他也相信，相关产业必将在经济效应和环境保护两个方面获得双丰收。

该领域目前的一个热点是加拿大的芬迪湾，此处很快将有三个项目上马，包括安装一套能发电 4 兆瓦的设备，其中两台设备来自 OpenHydro 公司，到 2015 年，这些设备将能为 1000 户家庭供电。如果一切都按计划进行，该公司希望对设备进行增加和升级，最终能发电 300 兆瓦。尽管这仅仅相当于一个小型的燃煤发电厂的发电量，但对于海洋能工业来说，这已经是一个了不起的进步了。

麦克罗恩说："最终，海洋能工业将起飞甚至腾飞，海洋中的能量不可胜数。"

在新世纪的能源压力和技术进展过程中，我们相信，海洋能一定会以清洁的可再生能源的角色广泛地影响甚至改变人们的生活，让我们拭目以待吧！

参考文献

[1] 柯蒂斯·埃贝斯迈尔，埃里克·西格里安诺. 来自大海的礼物. 苏枫雅，译. 北京：中国大百科全书出版社，2012.

[2] 马平. 能源纵横. 北京：化学工业出版社，2009.

[3] 钱伯章. 可再生能源发展叙述. 北京：科学出版社，2010.

[4] 钱伯章. 水力能与海洋能及地热能技术与应用. 北京：科学出版社，2010.

[5] 朱坚真. 海洋国防经济学. 北京：经济科学出版社，2011.

[6] 汪洋. 惊涛动力（威力无比的海洋能）/海洋大视野科普文丛. 石家庄：河北科学技术出版社，2013.

[7] 杨志成，谭思明. 世界海洋能专利技术分析报告. 青岛：中国海洋大学出版社，2011.

[8] 于华明，刘容子，鲍献文，等. 海洋可再生能源发展现状与展望. 青岛：中国海洋大学出版社，2012.

[9] 王传崑，卢苇. 海洋能资源分析方法及储量评估. 北京：海洋出版社，2009.

[10] 肖岗，马强，马丽. 日月与大海的结晶. 武汉：武汉大学出版社，2013.

[11] 卡里，奥纳. 环境能源发电：太阳能、风能和海洋能. 闫怀

志，卢道英，闫振民，译. 北京：机械工业出版社，2013.

[12] 薛中华，卢小泉，饶红红. 无限丰富的海洋能. 兰州：甘肃科学技术出版社，2012.

[13] 朱永强. 新能源与分布式发电技术. 北京：北京大学出版社，2010.

[14] 王长贵，崔容强，周篁. 新能源发电技术. 北京：中国电力出版社，2003.

[15] 冯士筰，李凤岐，李少菁. 海洋科学导论. 北京：高等教育出版社，1999.

[16] 忻海平. 海洋资源开发利用经济研究. 北京：海洋出版社，2009.

[17] 辛仁臣，刘豪. 海洋资源. 北京：中国石化出版社，2008.

[18] 徐质斌. 海洋国土论. 北京：人民出版社，2008.

[19] 朱晓东. 海洋资源概论. 北京：高等教育出版社，2005.

[20] 张召忠. 规范海洋. 广州：广东经济出版社，2013.